住宅空间设计

RESIDENTIAL SPACE DESIGN

姚丹丽　汤留泉 / 编著

U0242310

中国轻工业出版社

图书在版编目（CIP）数据

住宅空间设计 / 姚丹丽，汤留泉编著. —北京：中国轻工
业出版社，2023.7

全国高等教育艺术设计专业规划教材

ISBN 978-7-5184-1302-7

Ⅰ.①住… Ⅱ.①姚… ②汤… Ⅲ.①住宅—室内装饰设
计—高等学校—教材 Ⅳ.①TU241

中国版本图书馆CIP数据核字（2017）第023370号

内 容 提 要

本书主要讲解住宅空间设计的基础理论，住宅空间的功能要素、设计
方法、材料工艺预算等内容，着重探讨住宅空间的配置方法与空间利用问
题，对厨卫功能空间作了详细分析。全书分9章，配图300幅，介绍优秀
住宅设计案例，供读者学习参考。本书主要作为普通高等院校环境设计、
住宅空间设计、建筑装饰设计等专业的教材，也可以作为住宅设计、施工
人员参考的工具书。

责任编辑：李　红　　责任终审：孟寿萱　　整体设计：锋尚设计
策划编辑：王　淳　　责任校对：燕　杰　　责任监印：张　可

出版发行：中国轻工业出版社（北京东长安街6号，邮编：100740）

印　　刷：艺堂印刷（天津）有限公司

经　　销：各地新华书店

版　　次：2023年7月第1版第5次印刷

开　　本：889×1194　1/16　印张：10

字　　数：256千字

书　　号：ISBN 978-7-5184-1302-7　定价：48.00元

邮购电话：010-65241695

发行电话：010-85119835　传真：85113293

网　　址：http://www.chlip.com.cn

Email：club@chlip.com.cn

如发现图书残缺请与我社邮购联系调换

231032J1C105ZBQ

近年来，随着我国人民生活水平的日渐提高，商品住宅建设的迅猛发展，人们对于自身的居住环境的质量越来越重视，人们越来越认识到居室的设计装修不仅能显示出现代文明对生活环境的改变，也是衡量一个人或家庭认识生活、美化生活的一种基本修养。通过对居室空间的塑造，提高生活环境质量和文明水准，使人在良好的环境中享受富有情趣的生活。对于大多数人来说，家是这纷乱嘈杂世界中的一处宁静港湾，人们是如此热恋着他们的家。

鉴于上述情况，无论是一般的家庭自己动手装饰房间，还是设计部门从事专门的住宅空间设计，都需要住宅空间设计方面的理论指导和实践资料借鉴。住宅空间设计是一门集空间、色彩、造型、照明、材料、风格于一体的交叉性学科，是现代科技与艺术的综合体现。住宅空间设计是环境艺术设计专业的入门课程，它解决的是在小空间内如何使人居住、使用起来方便、舒适的问题。空间虽然不大，涉及的问题却很多，包括采光、照明、通风以及人体工程学等，而且每一个问题都和人的日常起居关系密切。

如何通过设计，将住宅空间变成既能满足生活、工作、娱乐的功能性要求，又具有深刻的文化内涵以满足人们的精神生活需求的、富有时代特色的生活、工作空间，是各大高等院校住宅空间设计教育面临的新使命。

有人说教材就如同一部电影或戏剧的剧本，是付诸实践和表现的根本，是进行教学和专业训练的根本。教材是根据本学科的教学任务，编选和组织具有一定专业范畴和深度理论知识以及技能的体系，以系统的教科书的形式来具体反映。

本书内容科学、系统，重视住宅空间设计基础理论和细节的阐述，文字与图片相呼应。注意理论联系实践，图文并茂，使读者能更全面细致地学习住宅空间设计相关知识。

本书的住宅空间效果图由业界同行、同事、学生无私提供，经过严格筛选以后才与读者见面，在此表示衷心的感谢，希望能起到实质性的参考作用。参与本书编写或提供图片的同仁如下：姚欢、柏雪、陈全、董豪鹏、高宏杰、胡爱萍、黄登峰、李吉章、李钦、李俊、刘惠芳、刘峻、卢丹、祁焱华、邱丽莎、唐茜、唐云、万阳、万才荣、汪俊林、王红英、吴方胜、闫永祥、杨清、汤留泉、张刚、张葳、张泽安、张慧娟、赵媛、周娴、周权、祖赫。

由于编者水平有限，难免有不妥之处，衷心希望专家、同行和读者不吝赐教，以使本书得到不断完善。

编　者
2016.10

目 录
CONTENTS

1

住宅空间设计基础

图1-1　舒适的住宅环境

图1-2　温馨的住宅环境

　　随着人们文化生活水平的提高，生活习俗的更新，对居住条件的要求也发生了很大变化。传统住宅设计被现代住宅空间设计取而代之，使住宅空间层次丰富，功能更完善，更富时代感。

　　现代住宅逐渐从以前的独门独宅向高层建筑多室住宅发展。而由此带来的住宅空间该如何分割的问题也摆在了建筑设计师的面前。生活中，虽然我们时常对周边的空间不以为意，但它却无时无刻不在影响着我们，左右着我们的情绪。同时由于现代住宅对空间功能的细化及最大化利用，促使人们对住宅空间进行合理化评价，从而得到一个舒适、亲密、温馨的住宅环境（图1-1、图1-2）。因此对住宅空间合理化设计的探索，具有重要的现实指导意义。

第一节　住宅空间设计介绍

　　住宅空间的组合往往由多种因素共同来决定，它首先应满足人的日常生活需要，其次要使人的精神需求得到满足，使其在此环境空间中生活舒适不感到紧张压抑，同时还要考虑它的安全性与经济性。

一、住宅空间设计原则

1. 舒适性原则

　　好的环境能够换得一天的好心情。同样随着人们对生活要求的提高，住宅空间的舒适性直接关乎着人们的生活质量。在影响舒适性的因素中，住宅的朝向是一个关键因素，设计时应该尽量争取使一个或多个卧室朝向为南，这样可以得到较多的日照并能使空气流通通畅（图1-3）。同样根据各个房屋的性质及其与环境的关系，合理布置位置，既保证生活的私密性又能满足生活的方便性。同时对空间形状长、宽、高的比例要选择适中，既避免太小产生压迫感又不要使房屋尺寸太大而造成空旷孤寂感。

2. 经济性原则

　　要明确各个房屋的性质，对面积要根据其功能进行合理分配。客厅由于是日常生活的主要地点，考虑其功能性，其面积应最大，而卫生间仅是一个卫生场

（a）

（b）

图1-3　空气流通通畅的卧室

图1-4　采光效果好的客厅

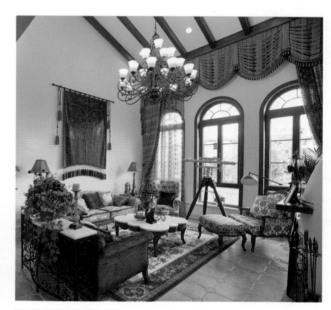

图1-5　温馨的客厅

所，按其性质来说对面积要求不高。过分追求大面积，不仅是一种浪费，而且也会失去家的那种温馨、亲和的感觉，而合理经济的选择是营造一种小巧、温馨、亲密的空间氛围（图1-4）。同时节能也是至关重要的，对于房屋朝向的处理关乎着家庭经济效益，由于客厅是家庭生活的核心，对采光要求较高（图1-5），客厅朝南可保证良好的自然采光，经济性好。

3．合理划分功能区原则

住宅空间是一定的，所以需要合理划分区间来满足不同的使用要求和功能。使静与动、私密与公共在设计中得到妥善的处理。做到公私分离、动静分区，确保住宅居住舒适、功能良好发挥。同时使过道流畅，减少干扰，提高住宅空间综合利用率。

4．灵活性原则

对住宅空间进行组合时，要按照不同时期、不同住户的需求对其灵活性重组和分隔。在设计当中可以将某些功能区连接或是合并。在不影响房屋整体结构稳定的前提下，尽量减少固定的实体墙，这样就会使房屋空间变得开阔而不封闭。可以在使用过程中根据功能的变化而改变空间的尺寸及形态，使其满足灵活隔断和多种用途的要求。

5．装修适度原则

住宅空间氛围在很大程度上是由住宅空间装修来决定。而住宅空间装修主要由空间尺度、色彩选择以

图1-6　高度调和展示图

图1-7　色彩调和展示图

及格调布局来决定。空间尺度的选择要以人为核心，选择合适的相对高度，过高使人感到冷漠而过低又会压抑人的精神。人的心理会随色彩的不同产生不同的变化，要使色彩调和适中不单调枯燥（图1-6、图1-7），与住宅空间环境协调。

二、现代住宅空间组合的一般形式

现在的居住理念主要以寝食分离为出发点，区别于以前食寝不分的居住形态，从而提高了生活质量并使住宅空间得到合理化利用。对于一般住宅来说，卧室数量和建筑面积是一定的，因此住宅的布局特征就由住宅空间的布局形式来反映。现代的住宅内部空间主要由卧室、起居室、厨房、餐室、卫生间、过道、客厅、储藏室、阳台等组成。它们都具有不同的使用功能，因而对住宅空间布局会产生一定的影响。

三、影响空间布局的因素

影响住宅空间布局形式的主要因素有房屋的开口和合围以及分隔空间的方式，由于前者因素受建筑结构的限制无法轻易更改，因此后者因素是我们在住宅空间设计中研究得最多的因素。通过在住宅空间划分出多个区域功能空间，随着组合方式的不同其使用性质发生改变。而在住宅空间的组成中家具通常起着分隔功能区的重要作用（图1-8）。通过在水平方向、垂直方向布置各种家具，采取多种形式对空间进行分隔或是合围。因此家具不单具有使用功能，还可以作为媒介对空间进行分隔。

住宅空间组合只要满足生活行为所需的空间即可，根据家庭行为的需要来确定住宅的宽敞程度。对生活区域进行功能区细化，使公共与私密空间得到分

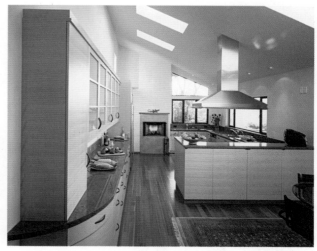

（a）   （b）

图1-8　家具分隔空间展示图

离，有效缓解现在住房需求不能满足的状况。

四、当前住宅空间设计存在的问题

在厨卫设计方面：设计中为考虑到洗衣机和冰箱等大件物，导致空间较小，无法固定摆放大件物，此外排污、排气等高效设施还未得到有效改进，造成了很大居室污染。

五、应重视的方面及处理方法

1. 分清空间层次

在处理平面与立体交叉空间、闹静空间、食寝空间、卧室私密性等矛盾的基础上创造安全卫生、舒适、安逸的居住环境。住宅空间如起居室、餐厅、阳台、卫生间、厨房带凉台、杂物储藏间等闹区是住宅核心部位，它关系到住宅的层次性和使用效果。

2. 采光与通风

要充分利用光、风等天然能源，合理设计空间布局，使住宅拥有更好的自然采光以及通风（图1-9、图1-10）。

3. 让空间具有美感

采用的设计手法多样，不仅有瘦、透、挑、叠等传统手法，还有由传统演变而来的放、移、收等现代手法；作品也造型各异，有稳如宝塔者，亦有险如蘑菇或树枝者，但是无论如何设计都必须以建筑设计规范为准则。

4. 设计空间的安全

对空间的各方面与经济要求的矛盾联系等都要认真合理处理，如消防疏散、

图1-9　自然采光展示图

图1-10　自然通风展示图

安全、如何排放设计管道、栏杆的安全防护、住宅的防水性、隔热保温性以及施工造价等都要综合考虑认真对待。对住宅的抗震性、防震性都要十分重视，对结构的承重、安全以及整体的刚性都要认真对待采取各项措施予以保障。

人们生活层次和质量的提高，使住宅成为了最大的城市建设项目，人力资源都以此为基础，从而进行生产生活、发展以及更新。人类的健康水平和生活质量，大多由住宅质量的优劣好坏直接反映出来。

第二节　住宅空间设计方法与程序

住宅空间设计是住宅使用者根据住宅空间的功能需求，运用物质技术手段，创造出舒适优美、适合于人居住的住宅环境而进行的空间创造活动（图1-11）。住宅空间设计讲究实用功能与艺术审美相结合，创造出满足人们物质和精神生活需求的居住环境是住宅空间设计的目的。

一、住宅空间设计的概念和特点

现代住宅空间设计是综合的住宅空间环境设计，是一门集感性和理性于一体的学科。它不仅要分析好空间体量、人体工程学、家具尺寸、人流路线、建筑结构和工艺材料等理性数据，也要规划好风格定位、喜好趋向、个性追求等感性心理需求。住宅空间设计具有以下特点。

1. 强调"以人为本"的设计宗旨

住宅空间设计的主要服务对象是人。人是有思想的，与环境是一种互动关系，良好的环境可以促进人的发展。以人为本的设计就是要重视人的需要，以人为中心和根本来进行设计，目的就是创造舒适美观的住宅空间环境，满足人们多元化的物质和精神需求，确保人们在住宅空间的人身安全和身心健康。

2. 艺术与工程技术结合

住宅空间设计强调艺术创造和工程技术的相互渗透与结合。艺术创造主要解决审美的问题，它要求运用各种艺术表现手法，创造出具有表现力和感染力的住宅空间形象［图1-12（a）（b）］，达到最佳的视觉效果。工程技术主要解决设计实施的问题，它是将设计构思转化为实物的过程，对住宅空间设计的发展起

（a）

（b）

图1-11　住宅空间设计展示

了积极的推动作用。同时，新材料、新工艺的不断涌现和更新，也为住宅空间设计提供了无穷的设计素材和灵感［图1-12（c）］。

3. 可持续发展

住宅空间设计的一个显著特点就是它对由于时间的推移而引起的住宅空间功能的改变显得特别突出和敏感。当今社会生活节奏日益加快，住宅空间的功能也越加复杂和多变，装饰材料、住宅空间设备的更新

（a）

（b）

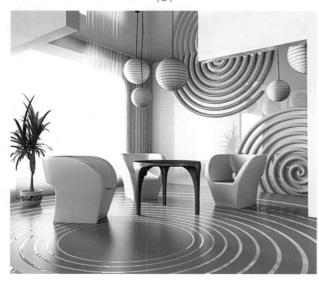

（c）

图1-12　新颖住宅空间设计

换代速度不断加快，住宅空间设计的"无形折旧"更趋明显，人们对住宅空间环境的要求也越来越高。

二、住宅空间设计的程序

住宅空间设计的程序是指完成住宅空间设计项目所需的步骤、流程和方法。住宅空间设计的程序一般分为4步，即设计准备、方案设计、方案深化和施工图绘制、设计实施。

1. 设计准备

（1）接受住宅使用者的设计委托任务；

（2）与住宅使用者进行广泛而深入的沟通，了解住宅使用者的年龄、职业、爱好和家庭人员组成等基本情况，明确住宅空间设计的任务和要求，如此次住宅空间设计的功能需求、房间分布、风格定位、个性喜好、预算投资等；

（3）到住宅现场了解住宅空间建筑构造情况，测量住宅空间尺寸，并完成住宅空间的初步平面布置方案；

（4）明确住宅空间设计项目中所需材料的情况，掌握这些材料的价格、质量、规格、色彩、防火等级和环保指标等内容，并熟悉材料的供货渠道；

（5）明确设计期限，制定工作流程，完成初步预算；

（6）与住宅使用者商议并确定设计费用，签订设计合同，收取设计定金。

2. 方案设计

（1）收集和整理与本住宅空间设计项目有关的资料与信息，优化平面布置方案，构思整体设计方案，并绘制方案草图；

（2）优化方案草图，制作设计文件。设计文件主要包括设计说明书、设计意向图、平面布局图、设计构思草图和主要空间的效果图。

3. 方案深化和施工图绘制

通过与住宅使用者的沟通，确定好初步方案后，就要对设计方案进行完善和深化，并绘制施工图（图1-13～图1-15）。施工图包括平面图、天花图、电路图、立面图、剖面图、大样图和材料实样图等。平面

图1-13　平面布置图

图例：

吸顶灯

300×300格栅灯

300×600浴霸

图1-14　顶面布置图

图1-15　开关布置图

图例：

单　开

双　开

三　开

四　开

图主要反映的是空间的布局关系、交通的流动路线、家具的基本尺寸、门窗的位置、地面的标高和地面的材料铺设等内容。天花图主要反映吊顶的形式、标高和材料，以及照明线路、灯具和开关的布置，空调系统的出风口和回风口位置等内容。立面图主要反映墙面的长、宽、高的尺度，墙面造型的样式、尺寸、色彩和材料，以及墙面陈设品的形式等内容。

4．设计实施

设计实施是设计师通过与施工单位的合作，将设计图纸转化为实际工程效果的过程。在这一阶段设计师应该与施工人员进行深度的沟通和交流，及时解答现场施工人员所遇到的问题，并进行合理的设计调整和修改，在合同规定的期限内，高质量地完成工程项目。

三、住宅空间设计的方法

这里着重从设计者的思考方法来分析，主要有以下几点。

1．大处着眼、细处着手

总体与细部深入推敲，大处着眼，是住宅空间设计应考虑的几个基本观点，这样，在设计时思考问题和着手设计的起点就高，有一个设计的全局观念。细处着手是指具体进行设计时，必须根据住宅空间的使用性质，深入调查、收集信息，掌握必要的资料和数据，从最基本的人体尺度、人流动线、活动范围和

图1-16 内外协调的室内设计

特点、家具与设备等尺寸和使用它们所需空间着手。

2. 从里到外、从外到里

局部与整体协调统一，任何住宅设计，应是内部构成因素和外部联系之间相互作用的结果，也就是从里到外、从外到里。住宅空间环境的"里"，以及和这一住宅空间环境连接的其他住宅空间环境，以至住宅室外环境的"外"，它们之间有着相互依存的密切关系，设计时需要从里到外，从外到里多次反复协调，务使更趋完善合理。住宅空间环境需要与建筑整体的性质、标准、风格，与室外环境相协调统一（图1-16）。

3. 立意与表达并重

意在笔先原指创作绘画时必须先有立意，即深思熟虑，有了"想法"后再动笔，也就是说设计的构思和立意至关重要，所以说，一项设计，没有立意就等于没有"灵魂"，拥有一个好的构思也往往是设计的难度所在。具体设计时意在笔先固然好，但是一个较为成熟的构思，往往需要足够的信息量，有商讨和思考的时间，因此也可以边动笔边构思，即所谓的笔意同步。在设计前期和出方案过程中尽量要使立意、构思逐步明确，但关键仍然是要有一个好的构思。对于住宅空间设计来说，正确、完整又有表现力地表达出住宅空间环境设计的构思和意图，使建设者和评审人员能够通过图纸、模型、说明等，全面地了解设计意图，也是非常重要的。

第三节　住宅空间设计学习内容与学习方法

要把握好自己的状态，随时都能从生活当中找到灵感来源。抓住脑中一闪而过的任何亮点，记录下生活中不同的事物，积累和储存它们，这就是在积累和充实自己的创作空间，储存艺术生命。当今的建筑住宅空间设计师在充分了解建筑所处的地域、自然环境与人文环境的基础上，进行大胆的创新设计，使原有的地方色彩带有明显的时代特征，使设计师在创作中更加显示了自己的艺术风格和自然的韵味（图1-17）。那么住宅空间设计需要学习以下几点。

一、美术

美术是所有设计的基础。它包括色彩搭配、色彩构成（图1-18、图1-19）；点、线、面构成（图

图1-17　优秀室内设计展示

图1-18　7环矢量色轮

图1-19　色彩搭配标准体css矢量图

(a)

(b)

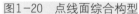

图1-20　点线面综合构型

1-20）；空间构成；这些都是必要的，也是必须的。可以这样说，美术能力好的设计师，个人发展更长远。现在的住宅使用者，很多都会考验设计师的色彩搭配能力，因为装修得再豪华，如果搭配不好，也是堆砌。如果不是美术专业出身的，那就更要多学习色彩方面的知识。

二、工具软件的学习

设计师的工具软件就和厨师手里菜刀的作用一样。包括：Photoshop（图1-21、图1-22）、CAD（图1-23、图1-24）、3dsmax（图1-25、图1-26）、VRAY、草图大师等。

1. 3ds max效果图

3ds max建模、灯光、材质、住宅空间效果图设计（图1-27）、展示、展台设计。

2. Photoshop后期处理

讲解住宅空间外效果图后期处理、灯光的处理，植物，人物的添加等方面的应用。

3. CAD高级平面制图

住宅空间平面施工图（图1-28、图1-29）、制图标准、节点大样图（图1-30）、三维厨卫绘制、家具设计。

图1-21　Photoshop CS6

图1-22　Photoshop CS6使用界面

图1-23　CAD 2012

图1-24　CAD 2012使用界面

图1-25　3ds max 2013

图1-26　3ds max 2013使用界面

（a）

（b）

图1-27　3ds max住宅空间效果图

图1-28 住宅平面布置图

图 例：

普通插座
空调插座
电视插座
网线插座
强电配电箱
弱电配电箱

图1-29 住宅开关插座布置图

15mm厚木芯板
30mm×40mm木地龙骨
复合木地板拼接
螺钉固定
防潮垫
木线角
5mm厚胶合板
气排钉
木踢脚线
40mm角形钢　地面楼板　膨胀螺栓

④ 复合木地板铺装构造大样图

楼板/墙体
木方入墙
30mm×40mm木龙骨
圆钉钉接
泡钉固定
塑料扣板
塑料角线

⑤ 塑料扣板吊顶构造大样图

外饰面板
气排钉
螺钉固定
15mm木芯板
镶嵌塑料板

玻璃胶粘接
外饰面板
40mm型钢
镶嵌塑料板
气排钉
螺丝固定

⑥ 塑料板镶嵌构造大样图

强力万能胶粘贴
60mm方钢
气排钉
50mm×70mm木龙骨
螺钉固定
15mm木芯板
1.2mm厚不锈钢板

⑦ 薄不锈钢饰面构造大样图

(a)

墙体
木方入墙
60mm木线条
5mm胶合板
木饰面板
圆钉钉接
气排钉
15mm木芯板
9mm胶合板
木饰面板
30mm×40mm木龙骨

① 门套构造大样图

楼板/墙体
木方入墙
30mm×40mm木龙骨
圆钉钉接
15mm木芯板
气排钉
窗帘滑轨
9mm石膏板
窗帘
木饰面板
石膏装饰线条
螺钉

② 窗帘盒构造大样图

十字连扣
基层龙骨
6mm钢筋
水平吊扣
上层龙骨
金属扣板

膨胀螺丝
边龙骨

正面图　　　　　　　　　　侧面图

③ 铝合金扣板吊顶构造大样图

(b)

图1-30　住宅节点大样图

4．Vray渲染器的使用

全局光照技术、焦散效果、景深效果、HDIR（高动态光照技术）、Vray灯光和材质运用。

三、专业理论

专业理论是学住宅空间设计的核心内容。专业理论包括：材料、预算、工艺、空间设计、风格、人体工程、展示设计等。没有专业理论知识，前面两项都是空中楼阁。

1．室内建筑装饰构造

主要学习地面、墙面、天花等的装饰构造，为学员绘制剖面图、大样图等施工图打下坚实的基础。

2．材料与预算

认识并熟悉建筑装饰材料的分类及其适用范围；掌握水泥、石材、陶瓷、玻璃、板材、涂料、织物、塑料、金属、灯具、洁具、胶粘剂等各种材料的性能特点和应用范围；重点掌握学习装饰工程施工预算基本理论知识，掌握工程定额的概念、用途和费用构成规律、依据，能够熟练计算工程量、工程总造价。掌握成本控制的方法，学习装饰工程预算方法。

3．施工技术与工艺

了解建筑装饰工程的施工方法和工艺流程等，学习施工过程中质量管理的方法。施工工艺有很多种，水电工程、防水工程、木质工程、铺装工程、涂饰工程、安装工程。

4．装饰设备与工程实例

主要学习室内建筑给排水工程、通风与空调工程、采暖工程、照明系统等，了解这些工程的特点及其在住宅空间设计中的体现，拓展思维层面，完善学员的知识结构。

5．装饰材料的认识

装饰材料的各种板材，胶粘材料，各种五金，是一个庞大的工程，没有几年的工作经验，是无法全面掌握的，但是作为一个合格的设计师来说，至少能对每一种材料都认识，能说出个大概，这样才能让住宅使用者信服。

6．软装饰

这个需要有专业人员做专业的讲解。软装可以独立出住宅空间设计，软装可以不深入了解，但是一定要理解它的意思。

四、总结

从当前的设计行业情况看来，住宅空间设计是很有开展潜力、很持久的专业，不只工作岗位相对稳定，并且薪资待遇也都十分不错，是当前人才相对稀缺的工作岗位之一。并且十分适合创业，门槛低，成本小，开展迅速。想学好住宅空间设计这个专业，就要挑选一个好的专业院校学习训练。住宅空间设计这个行业起点是比较低的，零基础都可以直接开始学习，但是住宅空间设计同时又是一个涉及面比较广的行业，需要学习的东西有很多。

思考题

1 住宅空间设计的内容有哪些?

2 住宅空间设计拥有哪些方法?

3 住宅空间设计的施工技术有哪些?

4 住宅空间设计能带给人们怎样的享受?

5 住宅空间设计的学习方法有哪些?

第二章

2

住宅空间设计

图2-1　居室的适用性展示

（a）

（b）

图2-2　居室的美观化展示

　　住宅空间设计可以分为公共空间和居家空间两大类别。当我们提到住宅空间设计时，同时会提到的还有动线、空间、色彩、照明、功能等相关的重要术语。住宅空间设计泛指能够实际在住宅空间建立的任何相关物件：墙、窗户、窗帘、门、表面处理、材质、灯光、空调、水电、环境控制系统、视听设备、家具与装饰品的规划。

　　适用性原则是指住宅能最大限度地满足使用功能。住宅的使用功能很多，主要来说有两大项：一是为住宅使用者的活动提供空间环境；二是满足物品的贮存（图2-1）。适用性原则的目的是使居室构成预想的住宅空间，包括生活、工作、学习所必需的环境空间。

　　美观化原则是指居室的装饰要具有艺术性，特别是要注意体现个性的独特审美情趣［图2-2（a）］，不要简单地模仿和攀比，要根据自家居室的大小、空间、环境、功能，以及家庭成员的性格、修养等诸多因素来考虑，只有这样才能显现出个性的美感来。不同个性、不同修养、不同爱好、不同层次的人，对居室"美观"的评价是不会完全一致的，但同时也有默契和共识。居室装饰美化的原则，就实质来说，是个性美和共性美的一种辩证统一，是不要失掉个性审美追求，将共识性的审美观通过个性美的追求体现出来［图2-2（b）］。

第一节　空间概念与特性

　　空间是与时间相对的一种物质客观存在形式，但两者密不可分，按照宇宙大爆炸理论，宇宙从奇点爆炸之后（图2-3），宇宙的状态由初始的"一"分裂开来，从而有了不同的存在形式、运动状态等差异，物与物的位置差异度量称之为"空间"，位置的变化则由"时间"度量。空间由长度、宽度、高度、大小表现出

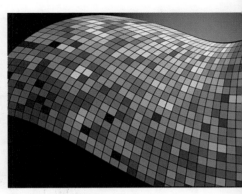

图2-3　宇宙奇点爆炸　　　　图2-4　宇宙空间　　　　图2-5　数字空间

来，通常指四方（方向）上下。

　　空间有宇宙空间（图2-4）、网络空间、思想空间、数字空间（图2-5）、物理空间等，都属空间的范畴。地理学与天文学中指地球表面的一部分，有绝对空间与相对空间之分。空间由不同的线组成，线组成不同平面，平面内便是空间。

一、住宅空间的概念

　　人们随着社会的发展拥有着不同的需求，住宅空间随着时间的变化而相应发生改变，这是一个相互影响、相互联系的动态过程。因此，住宅空间的内涵也不是一成不变的，而是在不断补充、创新和完善。由古至此，空间观有了新的发展，住宅空间已经突破了六面体的概念。采用平滑的隔板，交错组合，使空间成了一个相互交融、自由流动、界限朦胧的组合体。

二、住宅空间的特性与功能

1. 住宅空间的特性
　　住宅空间的特性受空间形状、尺度大小、空间的分隔与联系、空间组合形式、空间造型等方面的影响。

2. 住宅空间的要素
　　住宅空间由点、线、面、体占据，扩展或围合而成，具有形状、色彩、材质等视觉因素，以及位置、方向、重心等要素，尤其还具有通风、采光、隔声、保暖等使用方面的物理环境要求。这些要素直接影响住宅空间的形状与造型。

3. 住宅空间的造型
　　住宅空间造型决定着空间性格，而空间性格往往又由功能的具体要求而体现，空间的性格是功能的自然流露。

4. 住宅空间的功能
　　空间的功能往往制约着住宅空间的尺度，如过大的居室难以营造亲切、温

- 熟记要点 -

住宅空间的概念：空间是一个相对概念，构成了事物的抽象概念，事物的抽象概念是参照于空间存在的。物理学上的空间解释：惯性参考系与空间是静止的，无论参考系如何运动，包括变速，都不会改变惯性参考系与空间的静止状态。或说惯性参考系与空间是一起运动。所谓住宅空间就是指建筑的内部空间，而设计是指将计划和设想表达出来的活动过程。住宅空间设计就是对住宅空间进行组合设计的过程。

图2-6　居室空间设计展示

图2-7　居室门窗设计展示

图2-8　居室家具设计展示

馨的气氛，过低过小的住宅空间则会使人感到局限与压抑（图2-6），因此，在设计时要考虑适合人们生理与心理需要的合理的比例与尺度。

5. 住宅空间的尺度感

空间的尺度感不是只在空间大小上得到体现。同一单位面积的空间，许多细部处理的不同也会产生不同的尺度感。如住宅空间构件大小，空间的色彩、图案，门窗开洞的形状与大小（图2-7）、位置及房间家具陈设的大小（图2-8），光线强弱，材料表面的肌理纹路等（图2-9），都会影响空间的尺度。

三、住宅空间的功能

1. 住宅空间的精神功能

精神功能是在物质功能的基础上，满足物质功能的同时，从人的文化、心理需求出发，如不同的人的爱好、愿望、意志，审美情趣、民族文化、民族象征、民族风格等，并能充分体现在空间形式的处理和空间形象的塑造上，使人们获得精神上的满足和美的享受。

2. 住宅空间的物质功能

物质功能包括使用上的要求，如空间的面积、大小、形状，适合的家具，设备布置，使用方便，节约空间，交通组织、疏散，消防、安全等措施，以及科学地创造良好的采光、照明、通风，隔声、隔热等的物理环境等。

四、住宅空间设计含义

住宅空间设计是根据住宅的使用性质、所处环境和相应标准，运用物质技术手段和建筑美学原理，创造功能合理、舒适优美、满足人们物质和精神生活需要的住宅空间环境。这一空间环境既具有使用价值，满足相应的功能要求，同时也反映了历史文脉、建筑风格、环境气氛等精神因素。

对住宅空间设计含义的理解，以及它与建筑设计的关系，从不同的视角、不同的侧重点来分析，许多学者都有着深刻见解、以及值得我们仔细思考和借鉴的观点，总之一句话，"给予各种处在住宅空间环境中

图2-9 居室材料设计展示

图2-10 住宅空间展示

（a）

图2-11 现代住宅空间设计

（b）

的人以舒适和安全"。

　　把"创造满足人们物质和精神生活需要的住宅空间环境"作为住宅空间设计的目的，即以人为本，一切围绕为人的生活、生产、活动创造美好的住宅空间环境（图2-10）。现代住宅空间设计是有很高的艺术性的要求，其涉及的设计内容又有很高的技术含量（图2-11），并且与一些新兴学科，如人体工程学、环境心理学、环境物理学等关系极为密切。现代住宅空间设计已经在环境设计中发展成为独立的新兴学科。由于住宅空间设计从设计构思、施工工艺、装饰材料到内部设施，必须和社会当时的物质生产水平、社会文化和精神生活状况联系在一起；在住宅空间组织、平面布局和装饰处理等方面，从总体说来，也还和当时的哲学思想、美学观点、社会经济、民俗民风等密切相关。

第二节　住宅空间类型

现代住宅种类繁多，主要分为高档住宅、普通住宅、公寓式住宅、别墅等。按建筑物结构类型的不同，可以分为砖木结构、砖混结构、钢筋混凝土结构和钢结构四大类。

一、住宅的种类

1. 按楼体高度分类
主要分为低层、多层、小高层、高层、超高层等。

2. 按楼体结构形式分类
主要分为砖木结构、砖混结构、钢混框架结构、钢混剪力墙结构、钢混框架—剪力墙结构、钢结构等。

（1）砖木结构。用砖墙、砖柱、木屋架作为主要承重结构的建筑（图2-12），像大多数农村的屋舍、庙宇等。这种结构建造简单，材料容易准备，费用较低。

（2）砖混结构。砖墙或砖柱、钢筋混凝土楼板和屋顶承重构件作为主要承重结构的建筑（图2-13），这是目前在住宅建设中建造量最大、采用最普遍的结构类型。

图2-12　砖木结构

图2-13　砖混结构

图2-14 钢筋混凝土结构

图2-15 钢结构

图2-16 独立式住宅

图2-17 联排式住宅

（3）钢筋混凝土结构。即主要承重构件包括梁、板、柱全部采用钢筋混凝土结构，此类结构类型主要用于大型公共建筑、工业建筑和高层住宅（图2-14）。钢筋混凝土建筑里又有框架结构、框架—剪力墙结构、框—筒结构等。目前25～30层左右的高层住宅通常采用框架—剪力墙结构。

（4）钢结构。主要承重构件全部采用钢材制作，它自重轻，能建超高摩天大楼（图2-15）；又能制成大跨度、高净高的空间，特别适合大型公共建筑。

3. 按楼体建筑形式分类

主要分为低层住宅、多层住宅、中高层住宅、高层住宅、其他形式住宅等。

4. 按房屋型分类

主要分为普通单元式住宅、公寓式住宅、复式住宅、跃层式住宅、花园洋房式住宅、小户型住宅等。

5. 按房屋政策属性分类

主要分为廉租房、已购公房（房改房）、经济适

用住房、住宅合作社集资建房等。低层住宅：低层住宅主要是指独立式住宅（图2-16）、联立式住宅和联排式住宅（图2-17）。与多层和高层住宅相比，低层住宅最具有自然的亲和性，适合儿童或老人的生活；住户间干扰少，有宜人的居住氛围。这种住宅虽然为居民所喜爱，但受到土地价格与利用效率及配套设施、规模、位置等客观条件的制约，在供应总量上有限。

二、多层住宅

多层住宅（图2-18）主要是借助公共楼梯垂直交通，是一种最具有代表性的城市集合住宅。它与中高层（小高层）和高层住宅相比，有以下特点。

1. 建设投资

多层住宅不需要像中高层和高层住宅那样增加电梯、高压水泵、公共走道等方面的投资。

图2-18　多层住宅

图2-19　小高层住宅

图2-20　高层住宅

2．户型设计

多层住宅户型设计空间比较大，居住舒适度较高。

3．结构施工

多层住宅通常采用砖混结构，因而多层住宅的建筑造价一般较低。

但多层住宅也有不足之处，首先，底层和顶层的居住条件不算理想，底层住户的安全性、采光性差，厕所易溢粪返味；顶层住户因不设电梯而上下不便。此外屋顶隔热性、防水性差。其次，由于设计和建筑工艺定型，使得多层住宅在结构上、建材选择上、空间布局上难以创新，形成"千楼一面、千家一样"的弊端。如果要有所创新，需要加大投资又会失去价格成本方面的优势。多层住宅的平面类型较多，基本类型有梯间式、走廊式和独立单元式。

三、小高层住宅

一般而言，小高层住宅（图2-19）主要指7～10层高的集合住宅。从高度上说具有多层住宅的氛围，但又是较低的高层住宅，故称为小高层。对于市场推出的这种小高层，似乎是走一条多层与高层的中间之道。这种小高层与多层住宅相比，有它自己的特点。

1．容积率高

建筑容积率高于多层住宅，节约土地，房地产开发商的投资成本较多层住宅有所降低。

2．设计空间大

这种小高层住宅的建筑结构大多采用钢筋混凝土结构，从建筑结构的平面布置角度来看，则大多采用板式结构，在户型方面有较大的设计空间。

3．品质高

由于设计了电梯，楼层又不是很高，增加了居住的舒适感。但由于容积率的限制，与高层相比，小高层的价格一般比同区位的高层住宅高，这就要求开发商在提高品质方面花更大的心思。

四、高层住宅

高层住宅（图2-20）是城市化、工业现代化的产物，依据外部形体可将其分为塔楼和板楼。

1. 高层住宅的优点

高层住宅土地使用率高，有较大的室外公共空间和设施，眺望性好，建在城区具有良好的生活便利性，对买房人有很大吸引力。

2. 高层住宅的缺点

高层住宅，尤其是塔楼，在户型设计方面增大了难度，在每层内很难做到每个户型设计的朝向、采光、通风都合理。而且高层住宅投资大，建筑的钢材和混凝土消耗量都高于多层住宅，要配置电梯、高压水泵、增加公共走道和门窗，另外还要从物业管理收费中为修缮维护这些设备付出经常性费用。高层住宅内部空间的组合方式主要受住宅内公共交通系统的影响。按住宅内公共交通系统分类，高层住宅分单元式和走廊式两大类。其中单元式又可分为独立单元式和组合单元式，走廊式又分为内廊式、外廊式和跃廊式。

五、超高层住宅

超高层住宅（图2-21）多为30层以上。超高层住宅的楼地面价最低，但其房价却不低。这是因为随着建筑高度的不断增加，其设计的方法理念和施工工艺较普通高层住宅和中、低层住宅会有很大的变化，需要考虑的因素会大大增加。例如，电梯的数量、消防设施、通风排烟设备和人员安全疏散设施会更加复杂，同时其结构本身的抗震和荷载也会大大加强。另外，超高层建筑由于高度突出，多受人瞩目，因此在外墙面的装修上档次也较高，造成其成本很高。若建在市中心或景观较好地区，虽然住户可欣赏到美景，但对整个地区来讲却不协调。因此，许多国家并不提倡多建超高层住宅。

六、单元式住宅

单元式住宅（图2-22），又叫梯间式住宅，是以一个楼梯为几户服务的单元组合体，一般为多、高层住宅所采用。每层以楼梯为中心，安排户数较少，一般为2~4户，大进深的每层可服务于5~8户。住户由楼梯平台进入分户门，各户自成一体。户内生活设施完善，既减少了住户之间的相互干扰，又能适应多种气候条件。建筑面积较小，户型相对简单，可标准化生产，造价经济合理。仍保留一定的公共使用面积，如楼梯、走道、垃圾道；保持一定的邻里交往，有助于改善人际关系。

七、公寓式住宅

公寓式住宅（图2-23）是区别于独院独户的西式别墅住宅而言的。公寓式住宅一般建筑在大城市里，多数为高层楼房，标准较高；每一层内有若干单户独用的套房，包括卧房、起居室、客厅、浴室、厕所、厨房、阳台等；有的附设于旅馆酒店之内，供一些常常往来的中外客商及其家属中短期租用。

图2-21　超高层住宅

图2-22　单元式住宅

图2-23 公寓式住宅

图2-24 花园式住宅

八、花园式住宅

花园式住宅（图2-24）一般称西式洋房或小洋楼，也称花园别墅。一般都是带有花园草坪和车库的独院式平房或二、三层小楼，建筑密度很低，内部居住功能完备，装修豪华并富有变化。住宅内水、电、暖供给一应俱全，户外道路、通信、购物、绿化也都有较高的标准，一般是高收入者购买。

九、跃层式住宅

跃层式住宅（图2-25）是指住宅占有上下两个楼面，卧室、起居室、客厅、卫生间、厨房及其他辅助空间用户可以分层布置，上下层之间不通过公共楼梯

而采用户内独用小楼梯连接。每户都有较大的采光面，通风较好；户内居住面积和辅助面积较大；布局紧凑，功能明确，相互干扰较小。

十、复式住宅

复式住宅（图2-26）一般是指每户住宅在较高的楼层中增建一个夹层，两层合计的层高要大大低于跃层式住宅（复式为3.3米，而一般跃层式为5.6米），其下层供起居用，如炊事、进餐、洗浴等；上层供休息睡眠和贮藏用。优点是，首先，平面利用系数高，通过夹层复合，可使住宅的使用面积提高50%～70%；其次，户内隔层为木结构，将隔断、家具、装饰融为一体，既是墙，又是楼板、床、柜，降低了综合造价。

图2-25 跃层式住宅

图2-26 复式住宅

最后，上部层采用推拉窗户，通风采光好，与一般层高和面积相同住宅相比，土地利用率可提高40%。不足在于，首先，复式住宅面宽大、进深小，如采用内廊式平面组合必然导致一部分户型朝向不佳，自然通风、采光较差；其次，层高过低，如厨房只有2米高度，长期使用易产生局促憋气的不适感；贮藏间较大，但层高只有1.2米，很难充分利用；第三，由于住宅空间的隔断、楼板均采用轻薄的木隔断，木材的成本较高且隔音、防火功能差，房间的私密性、安全性较差。

十一、智能化住宅

智能化住宅（图2-27）是指将各种家用自动化设备、电器设备、计算机及网络系统与建筑技术和艺术有机结合，以获得一种居住安全、环境健康、经济合理、生活便利、服务周到的居住体验，使人感到温馨舒适，并能激发人的创造性的住宅型建筑物。一般认为具备安全防卫自动化；身体保健自动化；家务劳动自动化；文化、娱乐、信息自动化的住宅为智能化住宅。具备以上四种基本功能，即可实现家庭活动自动化。家庭活动自动化是指家务、管理、文化娱乐和通信的自动化。所谓家务，是指家电设施、保安设施、能源管理等；所谓管理，是指家庭购买、经济管理、家务工作及医疗健康管理等；所谓文化娱乐，是指利用计算机进行学习、娱乐、文艺创作等；所谓通信，是指利用通信网络与外界联络及咨询服务。要注意电脑化和智能化是不同的。大量内附计算机硬件与软件的仪表仪器、装备和系统，均可称为"电脑化"，但不一定是智能化。必须采用某种或某些人工智能技术，使该仪表、仪器、装备和系统具有一定的智能功能，方可称为智能化。

十二、退台式住宅

退台式住宅（图2-28）又称为"台阶式"住宅，因其外形类似于台阶而得

图2-27　智能化住宅

图2-28　退台式住宅

名。这类住宅的建筑特点是住宅的建筑面积由底层向上逐层减小，下层多出的建筑面积成为上层的一个大平台，面积要大大超过一般住宅凸出或凹进的阳台面积。退台式住宅的优点是，住户都有较大的屋外活动空间，同时也有良好的采光和通风；缺点在于，一部分建筑空间转作平台，建筑容积率减少，占地较多，因此，地价在总造价中的比重提高。目前，国内建造的退台式住宅，都属于价格较高的中高档住宅，一般建在地价较低的郊外住宅区或旅游度假区，一些低层的独立式别墅式住宅，也常采用退台式设计。

第三节　空间组合设计

住宅空间设计一般要进行空间组合，这是空间设计的重要基础。而空间各组成部分之间的关系，主要是通过分隔的方式来完成的。当然，空间的分割与联系也是相对的，相辅相成。从空间的整体要求看，只谈分隔不谈联系，或只谈联系不谈分隔都不可能体现现代空间设计的环境整体意识，也不可能满足人们在住宅空间的各种生活活动和精神方面的要求。采取什么分隔方式，既要根据空间的特点和功能使用要求，也要考虑到空间的艺术特点和人的心理需求。

一、围合与分隔

住宅空间设计中的空间组合时，围合是一种基本的空间分隔方式和限定方式。一说到围，总有一个内外之分，而它至少要有两个方向的面才能成立；而分隔是将空间再划分成几部分。有时围合与分隔的要素是相同的，围合要素本身可能就是分隔要素，或分隔要素组合在一起形成围合的感觉。在这个时候，围合与分隔的界限就不那么明确了。如果一定要区分，那么对于被围起来的内部，即这个新的"子空间"来说就是"分隔"了。在住宅空间，利用这些材料要素再围合成再分隔，可以形成一些小区域并使空间有层次感既能满足使用要求，又能给人以精神上的享受。例如中国传统建筑中的"花罩"（图2-29）和"屏风"

图2-29　花罩

图2-30　屏风

（图2-30）就是典型的分隔形式把空间分为书房，客厅以及卧室等几部分，划分了区域也装饰了住宅空间（图2-31），又如大空间办公室中常用家具或隔断构件将大空间划分若干小组团，在每个小组团里有种围合感，创造了相对安静的工作区域；外侧则是交通区域和休息区域，使每个组团之间既有联系又具有相对的区域性，很适合现代办公的空间要求和管理方式。

二、覆盖

住宅空间设计中的空间组合当中，在自然空间中进行限定，只要有了覆盖就有了住宅空间的感觉。四周围得再严密，如果没有顶的话，虽有向心感，但也不能算是住宅空间；而一个茅草亭子，哪怕它再简陋破旧，也会给人住宅空间的感觉。在自然空间里有了覆盖就可以挡住阳光和雨雪，就使内外部空间有了质的区别，与露天感觉完全不同。在住宅空间里再用覆盖的要素进行限定，可以有许多心理感受。例如空间较大时，人离屋顶距离远，感觉不那么明确，就在局部再加顶，进行再限定。例如在床的上部设幔帐或将某一部分的顶局部吊下来，使这顶与人距离近些，尺度更加宜人，心理感觉也亲切，惬意。有时为了改变原来屋顶给人的视感，也可以用不同的形式或材料重新设置覆盖物（图2-32），软化了整个环境的情调。在住宅空间设覆盖物还可使人心理有种室外的感觉，例如在一些大空间特别是旅馆的中庭中，人坐的部分用一个个装饰性垂吊物，或遮阳伞，或灯饰，或织物等，再加上周围的树木，花鸟，水体，天光等因素，仿佛又置于大自然的怀抱中。这正符合在住宅空间创造室外感觉的意图。因为人本来与自然有种天然的难以割舍的亲切关系，在住宅空间环境中，使人有自然感、室外感，是对人性的回归。因此有时有意识地在住宅空间设计中运用室外因素可以给人带来心理愉悦。

三、抬起与下凹

在住宅空间设计中使用空间组合时，这种限定是通过变化地面高低差来达到限定的目的，使限定过的

图2-31　分隔式空间设计

（a）

（b）

图2-32　覆盖式空间设计

空间在母空间中得到强调或与其他部分空间加以区分。对于在地面上运用下凹的手法（图2-33）限定来说，效果与低的围合相似，但更具安全感，受周围的干扰也较小。因为低本身就不太引人注目，不会有众目睽睽之感，特别是在公共空间中，人在下凹的空间中，心理上会更加自如和放松。有些家庭的起居室中也常把一部分地面降低，沿周边布置沙发，使家的亲切感

更强，更像一个远离尘世的窝。抬起与下凹相反，可使这一区域更加引人注目（图2-34），像教堂中的讲坛和歌厅中的小舞台就是为了使位置更加突出，以引起人们的视觉注意。在住宅空间中，与室外空间不同的，就是这些手法不仅可在地面上做文章，也可以在墙面或顶面上出现。只不过可能叫法不同而称为"凹入""凸出"或"下吊"等。不过这些都有一定尺度上的限制，"下吊"部分过大，人们可认为是"覆盖"，墙面上"凹入"或"凸出"部分过多，人们又可看作是另一个空间，而如果尺度过小，又可能被看成是肌理变化。当然这仅是相对而言。

四、肌理变化

住宅空间设计中的空间组合中，对住宅空间的限定来说，肌理变化可说是较为简便的方法。以某种材料为主，局部换另一种材料，或者在原材料表面进行特殊处理，使其表面枝干发生变化（如抛光，烧毛等）都属于肌理变化。有时不同材料肌理的效果可以加强导向性和功能的明确性，不同材料肌理的运用也可以影响空间的效果，而且用肌理变化还可组成图案作为装饰等。住宅空间的空间再限定往往是多次的，也就是同时用几种限定方法对同一空间进行限定，例如在围合的一个空间中又加上地面的肌理变化如石材（图2-35）、地毯（图2-36）等，同时顶部又进行了覆盖或下吊等，这样可以使这一部分的区域感明显加强。住宅空间设计中的空间组合里，空间的分隔和联系，是住宅空间设计的重要内容。分隔的方式，决定了空间之间联系的程度，分隔的方法则在满足不同分隔要求的基础上，创造出美感，情趣和意境。

图2-33　下凹式空间设计

图2-34　抬起式空间设计

图2-35　石材式肌理变化空间设计

图2-36　地毯式肌理变化空间设计

五、从满足领域感和私密性角度分析

1. 绝对分隔

这种分隔方法使空间界限异常分明，以实体墙面分隔空间（图2-37），达到隔离视线、温湿度、声音的目的，形成独立的一个空间，具有很强的私密性。

2. 相对分隔

相对分隔通过屏风，隔断等，使空间不是完全封闭（图2-38），具有一定流动性，空间界限不是十分明确。这种分隔形式形成的领域感和私密性不如绝对分隔来的强烈。

3. 意向分隔

也就是所谓象征性分隔，主要是通过非实体的局部界面进行象征性的心理暗示，形成一定的虚拟领域场所，以实现视觉心理上的领域感。具体手法如下。

（1）建筑结构与装饰构架。利用建筑本身的结构和内部空间的装饰构架进行分隔，以简练的电线要素组成通透的虚拟界面。

（2）隔断与家具。利用隔断和家具分隔，具有较强的领域感。隔断以垂直面分隔为主；家具以水平面的分隔为主（图2-39）。

（3）光色与材质。利用色彩的明度，纯度变化，材质的光滑粗糙对比，照明的配光形式区分，实现领域感的形成。

（4）界面凹凸与高低。利用墙面的凹凸与地面，天花吊顶的高低变化进行分隔，使空间带有一定的展示性和领域感，富有戏剧效果和浪漫情调。

（5）陈设与装饰。利用陈设和装饰分隔，使空间具有较强的向心感。既容易形成视觉重心，也容易产生领域的感觉。

（6）水体与绿化。通过不同造型的水体与绿化的分隔，不但能美化扩大空间感，并划分出一定区域，还能使人亲近自然的心理得到一定满足（图2-40）。

住宅空间设计中的空间组合中，住宅空间作为人

图2-37　绝对分隔

图2-38　相对分隔

图2-39　家具意向分隔

图2-40　绿化意向分隔

们活动的主要场所，无论其所要解决的功能要求，所要处理的空间关系，
比起室外来，都要细致，复杂得多。在眼下电脑化，数字化的社会环境
中，对于住宅空间设计，其宗旨，说穿了，就是为了方便人们各种各样
的生活，让人们在住宅空间中把主要精力和更多时间投入到自己的个性
化生活中去，作为住宅空间，就应在人们个性化生活中增添一抹亮色，
实现相互"配套"，相互促进。

第四节　空间序列与调节

空间序列是指空间的先后顺序，是设计师按建筑功能给予合理组织
的空间组合。各个空间之间有着顺序、流线和方向的联系。空间序列设
计的构思、布局与处理手法是根据空间的使用性质而变化的。

一、空间序列的概念

空间序列是指按一定的流线组织空间的起、承、开、合等转折变化。
室内设计上应服从这一序列变化，突出变化中的协调美［图2-41（a）］。
在规划设计中以"均好景观"为设计的主导思路，注重城市空间及环境
相互关联，强调其空间的连续组织及关系，强调一种有机的秩序感。

二、空间序列阶段

1. 开始阶段
开始阶段是序列设计的开端，预示着将展开的内幕，如何创造出具
有吸引力的空间氛围是其设计的重点［图2-41（b）］。

2. 过渡阶段
过渡阶段是序列设计中的过渡部分，是培养人的感情并引向高潮的
重要环节，具有引导、启示、酝酿、期待和引人入胜的功能。

3. 高潮阶段
高潮阶段是序列设计中的主体，是序列的主角和精华所在，在这一
阶段，是让人获得在环境中激发情绪、产生满足感等心理感受。

（a）　　　　　　　　　　　　　　　（b）

图2-41　空间序列设计展示

（a）　　　　　　　　　　　　　　　（b）

图2-42　空间序列设计

4. 结束阶段

结束阶段是序列设计中的收尾部分，主要功能是由高潮回复到平静，也是序列设计中必不可少的一环，精彩的结束设计，要达到使人回味、追思高潮后的余音之效果。

三、空间序列设计不是一成不变的

空间序列设计是设计师根据设计空间的功能要求，有针对性地、灵活地进行创作的。任何一个空间的序列设计都必须结合色彩、材料、陈设、照明等方面来实现［图2-42（a）］。要注意以下几点。

1. 导向性

所谓导向性，就是以空间处理手法引导人们行动的方向性。设计师常常运用美学中各种韵律构图和具有方向性的形象类构图，作为空间导向性的手法。在这方面可以利用的要素很多，例如利用墙面不同的材料组合，柱列、装饰灯具和绿化组合［图2-42（b）］，天棚及地面利用方向的彩带图案、线条等强化导向。

2. 视线的聚焦

在空间序列设计中，利用视线聚焦的规律，有意识地将人的视线引向主题。

3. 空间构图的多样与统一

空间序列的构思是通过若干相互联系的空间，构成彼此有机联系、前后连续的空间环境，它的构成形式随着功能要求而形形色色，因此既具有统一性又具有多样性。

四、环境空间的表现形式

城市环境空间是指为城市居民提供的公共活动空间，如街道、广场、庭园等，而各种景观设施，以它们的形态、体量、位置，影响并塑造着人们对城市环境空间的视觉感受。它们与人们的活动交织在一起时，人们又会以自己的前后左右的位置及远近高低的视角，在对周围物体的观照中形成各种不同的空间感受及空间心理审美。

五、序列空间的创造原则

序列空间的创造是住宅空间属性要素，即点（景观点）、线（道路）、面（广场）相互结合、共同作用的结果，这就要求无论动态的交通空间还是静态的休闲场所，是和谐的流动还是跳跃的变化，都需从住宅整体环境目标出发，对现状散乱的城市空间施以重整。

六、空间的虚实

实，即实实在在一面墙。虚，即视觉形态与其真实存在的不一致。如城市公园的围墙，采用通透式围栏，围而不挡，让里面的景物以虚的形式展现在大街旁，增加城市的宽敞感和美感。从视觉上讲，明暗关系也是虚实关系的延伸。景观设立在怎样的明暗关系中，在设计前就需进行整体的构想，明确"光"的意识。否则就会形成空间视觉的明暗失调、色彩对抗，或亮闪闪的一片，形成"光污染"。通过空间的围护面创造空间的虚实关系。

1. 虚中有实

以点、线、实体构成虚的面来形成空间层次（图2-43），如马路边上的人行道树，广场中照明系统、雕塑小品等都能产生虚中有实的围护面，只是对空间的划分较弱。

2. 虚实相生

围护面有虚有实，不挡视线。如建筑物的架空底层、牌坊等。既能有效划分空间又能使视线相互渗透（图2-44）。

（a）

（b）

图2-43　虚中有实的空间设计

3. 实中有虚

围护面以实为主，局部采用门洞、景窗等（图2-45），使景致相互借用，而这两个空间彼此较为独立。

4. 实边漏虚

围护面完全以实体构成，但其上下或左右漏出一些空隙，虽不能直接看到另一空间，但却暗示另一空间的存在（图2-46），并诱导人们进入。

图2-44　虚实相生的空间设计

（a）

（b）

图2-45　实中有虚的空间设计

（a）

（b）

图2-46　实边漏虚的空间设计

1　住宅空间设计有哪两大原则?

思　2　住宅空间类型有几种分类方法?

考　3　高层住宅的优点和缺点有哪些?

题　4　住宅空间设计中,采光与色彩有哪些区别?

5　分析图2-45,说明它的空间设计特点。

3

设计风格与流派

解构主义设计：新现代主义设计是20世纪70年代对现代主义设计继承的基础上发展起来的一种设计风格，在继承现代主义设计的设计原则和美学原则的基础上，崇尚功能主义和理性主义的风格，追求简洁、纯净的造型和对新技术、新材料的应用与表现；并创造性地发挥想象力，以形态鲜明的个性表现，赋予设计明显的象征意义。坚持使用现代主义的设计语汇和设计方法，以单纯的形式来表现丰富的内涵与个人风格。作为现代主义以后的设计风格，新现代主义并不是其简单的重复和模仿，而是对它的更新发展。新现代主义既具有现代主义注重功能和理性的严谨而简洁等特征，同时又具有鲜明的个人表现和象征性风格，因而得到了较大发展。这一风格兴起于美国建筑设计界，在20世纪90年代影响日盛。

图3-1　古典欧式风格

图3-2　新古典风格

图3-3　现代简约风格

　　设计风格是对艺术品或者特色装修家具等带有独特的风味的产物，其中包括：美式乡村风格、古典欧式风格（图3-1）、地中海式风格、东南亚风格、日式风格、新古典风格（图3-2）、现代简约风格（图3-3）、新中式风格。

第一节　传统风格

　　传统风格的住宅空间设计，是在住宅空间布置、线形、色调以及家具、陈设的造型等方面，吸取传统装饰"形""神"的特征。例如吸取我国传统木构架建筑住宅空间的藻井天棚、挂落、雀替的构成和装饰，明、清家具造型（图3-4）和款式特征。又如西方传统风格中仿罗马风、哥特式、文艺复兴式、巴洛克、洛可可、古典主义等，其中如仿欧洲英国维多利亚或法国路易式的住宅空间装潢和家具款式。此外，还有日本传统风格、印度传统风格、伊斯兰传统风格、北非城堡风格等。传统风格常给人们以历史延续和地域文脉的感受，它使住宅空间环境突出了民族文化渊源的形象特征。

一、传统中式风格

　　中国传统的住宅空间设计融合了庄重与优雅双重气质（图3-5）。中式风格更多地利用了后现代手法，把传统的结构形式通过重新设计组合以另一种民族特色的标志符号出现。例如，厅里摆一套明清式的红木家具，墙上挂一幅中国山水画等。

1. 传统中式风格的特点

　　中式风格是以宫廷建筑为代表［图3-6（a）］的中国古典建筑的住宅空间装饰设计艺术风格，气势恢弘、壮丽华贵、高空间、大进深、金碧辉煌、雕梁

图3-4　明、清家具造型

图3-5　传统中式风格

(a)

(b)

(c)

图3-6 宫廷建筑

画柱造型讲究对称，色彩讲究对比，装饰材料以木材为主［图3-6（b）（c）］，图案多龙、凤、龟、狮等，精雕细琢、瑰丽奇巧。但中式风格的装修造价较高，且缺乏现代气息，只能在家居中点缀使用。现代中式风格更多地利用了后现代手法，墙上挂一幅中国山水画等。传统的书房里自然少不了书柜、书案以及文房四宝。中式风格的客厅具有内蕴的风格，为了舒服，中式的环境中也常常用到沙发，但颜色仍然体现着中式的古朴，中式风格这种表现使整个空间里，传统中透着现代，现代中糅着古典。

2．设计要点

（1）空间上讲究层次，多用隔窗、屏风来分割，用实木做出结实的框架，以固定支架，中间用棂子雕花，做成古朴的图案（图3-7）；

（2）门窗对确定中式风格很重要，因为中式门窗一般是用棂子做成方格或其他中式的传统图案，用实木雕刻成各式题材造型（图3-8），打磨光滑，富有立体感；

（3）天花以木条相交成方格形，上覆木板，也可做简单的环形的灯池吊顶（图3-9），用实木做框，层次清晰，漆成花梨木色；

（4）家具陈设讲究对称，重视文化意蕴；配饰擅用字画、古玩、卷轴、盆景，精致的工艺品加以点缀（图3-10），更显主人的品位与尊贵，木雕画以壁挂为主，更具有文化韵味和独特风格，体现中国传统家居文化的独特魅力。

图3-7 中式风格的隔窗

图3-8 中式风格的门窗

图3-9　中式风格的吊顶

图3-10　中式风格的工艺品

二、传统欧式风格

传统欧式风格17世纪盛行欧洲，强调线形流动的变化，色彩华丽。它在形式上以浪漫主义为基础，装修材料常用大理石、多彩的织物、精美的地毯，精致的法国壁挂，整个风格豪华、富丽，充满强烈的动感效果。另一种是洛可可风格，其爱用轻快纤细的曲线装饰，效果典雅、亲切，欧洲的皇宫贵族都偏爱这个风格。

欧式风格按不同的地域文化可分为北欧、简欧和传统欧式。其中的田园风格于17世纪盛行欧洲。欧式风格泛指欧洲特有的风格。一般用在建筑及住宅空间行业。欧式风格是传统风格之一，是指具有欧洲传统艺术文化特色的风格。根据不同的时期常被分为：古典风格（古罗马风格，古希腊风格），中世纪风格，文艺复兴风格，巴洛克风格，新古典主义风格，洛可可风格等。根据地域文化的不同则有：地中海风格，法国巴洛克风格，英国巴洛克风格，北欧风格，美式风格等。

1. 传统欧式风格的特色

开放式的厨房（图3-11）是根据欧洲人的饮食习惯而决定的；沙发一般用背靠窗的摆放方式，中式则忌空。传统的沙发一般是1+2+3，或2+2+3等组合形式，一般没有L型沙发；床，床头靠窗，与沙发相同，中式忌床头靠窗。床尾有床尾凳；对称，与中国传统风格一样，欧式风格也常用对称的方式来体现庄重与大气。

2. 传统欧式风格装饰要素

门的造型设计，包括房间的门和各种柜门，既要突出凹凸感，又要有优美的弧线，两种造型相映成趣，风情万种（图3-12）；柱的设计也很有讲究，可以设计成典型的罗马柱造型，使整体空间具有更强烈的西方传统审美气息（图3-13）；壁炉是西方文化的典型载体，选择欧式风格家装时，可以设计一个真的壁炉，也可以设计一个壁炉造型，辅以灯光，营造西方生活情调（图3-14）。

中式文化的重要，一是中国传统文化在现代背景下的演绎；二是在对中国当代文化的充分理解基础上的当代设计。中式风格并不是元素的堆砌，而是通过对传统文化的理解和提炼，将现代元素与传统元素相结合，以现代人的审美需求来打造富有传统韵味的空间，让传统艺术在当今社会得以体现。中式风格在设计上继承了唐代、明清时期家居理念的精华，将其中的经典元素提炼并加以丰富，同时摒弃原有空间布局中等级、尊卑等封建思想，给传统家居文化注入了新的气息。

图3-11　开放式厨房

图3-12　传统欧式风格的门

图3-13　传统欧式风格的柱

图3-14　传统欧式风格的壁炉造型

3. 传统欧式风格空间特色

欧式的居室有的不只是豪华大气，更多的是惬意和浪漫。通过完美的曲线，精益求精的细节处理，带给家人不尽的舒服触感，实际上和谐是欧式风格的最高境界。同时，欧式装饰风格最适用于大面积房子，若空间太小，不但无法展现其风格气势，反而对生活在其间的人造成一种压迫感。当然，还要具有一定的美学素养，才能善用欧式风格，否则只会弄巧成拙。

4. 传统欧式风格色彩运用

传统欧式风格从整体到局部、从空间到住宅空间陈设塑造，都给人一种精致印象。一方面保留了材质、色彩的大致感受，浅色和木色家具有助于突出清贵和舒雅，格调相同的壁纸、帘幔、地毯、家具、外罩等装饰织物布置的家居蕴涵着欧洲传统的历史痕迹与深厚的文化底蕴，着力塑造尊贵又不失高雅的居家情调（图3-14）。

5. 传统欧式风格美学特点

欧式很典雅的古代风格、纤致的中世纪风格、富丽的文艺复兴风格、浪漫的巴洛克、洛可可风格，一直到庞贝式、帝政式的新古典风格，在各个时期都有各种精彩的演出，是欧式风格不可或缺的要素。为家装注入欧式元素，意欲让永恒的文化因子让家具有永恒的魅力，经久不衰，给人以自然的感觉。

第二节　自然风格

自然风格常运用天然的木、石、藤、竹等材质质朴的纹理，在住宅空间环境中力求表现悠闲、舒畅、自然的田园生活情趣。不仅仅是以植物摆放来体现自然的元素，而是从空间本身、界面的设计乃至风格意境里所流淌的最原始的自然气息来阐释风格的特质［图3-15（a）］。

自然风格又称"乡土风格""田园风格""地方风格"，它提倡"回归自然"。美学上推崇"自然美"，只有崇尚自然、结合自然，才能在当今高科技、高节奏的社会生活中，使人们的生理与心理得到平衡。它主张用木材、织物、石材等天然材料本身的纹理，力求表现舒畅、质朴的情调，营造自然、高雅的居室氛围［图3-15（b）］。

一、田园风格

田园风格是通过装饰装修表现出田园的气息，不过这里的田园并非农村的田园，而是一种贴近自然，向往自然的风格（图3-16）。田园风格倡导"回归自然"，美学上推崇"自然美"，认为只有崇尚自然、结合自然，才能在当今高科技快节奏的社会生活中获取生理和心理的平衡。因此田园风格力求表现悠闲、舒畅、自然的田园生活情趣。在田园风格里，粗糙和破损是允许的，因为只有那样才更接近自然。

(a)

(b)

图3-15　自然风格

图3-16　田园风格

（a）

（b）

图3-17　欧式田园风格

田园风格之所以称为田园风格，是因为田园风格表现的主题贴近自然，展现朴实生活的气息。田园风格最大的特点就是朴实，亲切，实在。田园风格包括很多种，有英式田园、美式乡村、法式田园、中式田园等。

1. 田园风格特点

田园风格的朴实是众多选择此风格装修者最青睐的一个特点，因为在喧哗的城市中，人们真的很想亲近自然，追求朴实的生活，于是田园生活就应运而生了，喜欢田园风格的人大部分都是低调的人，懂得生活，懂得生活来之不易。田园风格最大的特点就是：朴实，亲切，自然。

2. 田园风格分类

田园风格重在对自然的表现，但不同的田园风格有不同的自然，进而也衍生出多种家具风格，中式田园风格、欧式田园风格，甚至还有南亚田园风格，各有各的特色，各有各的美丽。

（1）欧式田园风格，设计上讲求心灵的自然回归感，给人一种扑面而来的浓郁气息。把一些精细的后期配饰融入设计风格之中，充分体现设计师和住宅使用者所追求的一种安逸、舒适的生活氛围。这个客厅大量使用碎花图案的各种布艺和挂饰，欧式家具华丽的轮廓与精美的吊灯相得益彰。墙壁上也并不空寂，壁画和装饰的花瓶都使它增色不少［图3-17（a）］。鲜花和绿色的植物也是很好的点缀。欧式田园风格大致可分为英式田园风格和法式田园风格等，英式田园家具的特点主要在华美的布艺以及纯手工的制作，布面花色秀丽，多以纷繁的花卉图案为主［图3-17（b）］。碎花、条纹、苏格兰图案是英式田园风格家具永恒的主调。家具材质多使用松木、椿木，制作以及雕刻全是纯手工的，十分讲究。美式田园作为田园风格中的典型代表，因其自然朴实又不失高雅的气质备受人们推崇，然而纯正的美式田园风格需要具备什么要素和空间特点，其实真正了解的人并不多。

（2）英式田园，英式田园家具多以奶白、象牙白等白色为主图［图3-18（a）］，高档的桦木、楸木等做框架，配以高档的环保中纤板做内板，优雅的造型，细致的线条和高档油漆处理，都使得每一件产品像优

(a)

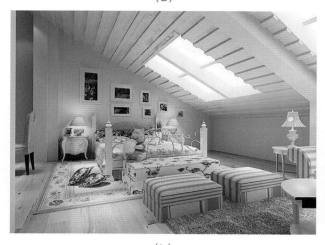

(b)

图3-18　英式田园风格

雅成熟的中年女子含蓄温婉内敛而不张扬，散发着从容淡雅的生活气息，又宛若姑娘十八清纯脱俗的气质，无不让人心潮澎湃，浮想联翩。卧室家具主角当然是床，多以高背床、四柱床为成人用床，可爱的公主床则是乖乖女的梦想天堂，小尺寸的栏杆床则是调皮儿子的最爱，成人用床多配以70厘米左右高的床头柜和床尾凳方便起居，看空间大小配以恰当大小的或三门或两门或四门的衣柜来收放衣物，当然还有必备的梳妆台，靠窗处可配一休闲椅和小圆或小方几，闲时品一杯香浓的咖啡，想必是一个不错的选择。造型优雅的田园台灯是必不可少的配角。女儿房公主床则可配一个床头柜，小巧的天使台灯，要有一个必不可少的两门小衣柜和学习桌，使得学习和生活更紧凑，不必配专业的梳妆台，可悬挂圆或方镜就好了，墙上可安

衣帽钩以方便挂一些小东西，以上需配田园碎花的床品以更好地营造田园气息［图3-18（b）］。

（3）美式乡村，美式田园风格又称为美式乡村风格，属于自然风格的一支，倡导"回归自然"，在住宅空间环境中力求表现悠闲、舒畅、自然的田园生活情趣［图3-19（a）］，设置住宅空间绿化，创造自然、简朴、高雅的氛围。美式田园风格有务实、规范、成熟的特点。以美国的中产阶级为例，他们有着相当不错的收入作支撑，所以可以在面积较大的居室中自由地发展自身喜好，设计案例也在相当程度上表现出其居住者的品位、爱好和生活价值观。一般而言，进入了户门，就可以欣赏到家居空间中对外的公共部分，客厅、餐厅都是为了招待来宾和宴请朋友用的。在材料选择上多倾向于较硬、光挺、华丽的材质。餐厅基本上都与厨房相连［图3-19（b）］，厨房的面积较大，操作方便、功能强大。在与餐厅相对的厨房的另一侧，一般都有一个不太大的便餐区，厨房的多功能还体现在家庭内部的人际交流多在这里进行，这两个区域会同起居室连成一个大区域，成为家庭生活的重心。起居室一般较客厅空间低矮平和，选材上也多取舒适、柔性、温馨的材质组合［图3-19（c）］，可以有效地建立起一种温情暖意的家庭氛围，电视等娱乐用品也放在这一空间中，可以想象在电视广告的声色、锅碗瓢盆的和乐、孩子嬉戏的杂音下，这"三区一体"的其乐融融。在二楼，除家庭成员休息的卧室外，也会随着家庭自身的要求和特点，建设书房、休闲娱乐室、多功能室、小起居室等空间，以满足家庭多样化的要求。卫生间的设计也同样注重功能，安全方便是首要考虑的因素。另外，美国田园风格在卫生间选材上自由度较大，因为美国人喜好泡浴，墙面上用防水墙纸、木材等材料也屡见不鲜。

（4）中式田园，中式田园风格的基调是丰收的金黄色，尽可能选用木、石、藤、竹、织物等天然材料装饰。软装饰上常有藤制品，有绿色盆栽、瓷器、陶器等摆设［图3-20（a）］。中式风格的特点，是在住宅空间布置、线形、色调以及家具、陈设的造型等方面，吸取传统装饰"形""神"的特征，以传统文化内涵为设计元素，革除传统家具的弊端，去掉多余的

（a）

（b）

（c）

图3-19　美式田园风格

（a）

（b）

图3-20　中式田园风格

－ 熟记要点 －

中式田园装修技巧：中式田园装修空间上讲究深度，多用隔窗、屏风来分割，用实木做出结实的框架，以固定支架，中间用楞子雕花，做成古朴的图案。门窗对确定中式风格很重要，因中式门窗一般均是用楞子做成方格或其他中式的传统图案，用实木雕刻成各式题材造型，打磨光滑，富有立体感。

雕刻，糅合现代西式家居的舒适，根据不同户型的居室，采取不同的布置。天花板以木条相交成方格形，上覆木板，也可做简单的环形的灯池吊顶，用实木做框，层次清晰，漆成花梨木色。家具陈设讲究对称，重视文化意蕴；配饰擅用字画、古玩、卷轴、盆景，精致的工艺品加以点缀，更显主人的品位与尊贵，木雕画以壁挂为主，更具有文化韵味和独特风格，体现中国传统家居文化的独特魅力。中国传统居室非常讲究空间的层次感。这种传统的审美观念在中式风格中，又得到了全新的阐释：依据住宅使用人数的不同，做出分隔的功能性空间，采用"哑口"或简约化的"博古架"来区分；在需要隔绝视线的地方，则使用中式的屏风或窗棂［图3-20（b）］，通过这种新的分隔方式，单元式住宅就能展现出中式家居的层次之美。

（5）法式田园，数百年来经久不衰的葡萄酒文化，自给自足，自产自销的法国后农业时代的现代农庄对法式田园风格影响深远。法国人轻松惬意，与世无争的生活方式使得法式田园风格具有悠闲，小资，舒适而简单，生活气息浓郁的特点。最明显的特征是家具的洗白处理及配色上的大胆鲜艳。洗白处理使

图3-21　法式田园风格

图3-22　南亚田园风格

家具流露出古典家具的隽永质感，黄色、红色、蓝色的色彩搭配（图3-21），则反映丰沃、富足的大地景象。而椅脚被简化的卷曲弧线及精美的纹饰也是优雅生活的体现。

（6）南亚田园，家具风格显得粗犷，但平和而容易接近。材质多为柚木，光亮感强，也有椰壳、藤等材质的家具。做旧工艺多，并喜做雕花。色调以咖啡色为主。南亚田园风格的用料崇尚自然，砖、陶、木、石、藤、竹，越自然越好（图3-22）。在织物质地的选择上多采用棉、麻等天然制品，其质感正好与乡村风格不饰雕琢的追求相契合，有时也在墙面挂一幅毛织壁挂，表现的主题多为乡村风景。不可遗漏的是，田园风格的居室还要通过绿化把居住空间变为"绿色空间"，如结合家具陈设等布置绿化，或者做重点装饰与边角装饰，还可沿窗布置，使植物融于居室，创造出自然、简朴、高雅的氛围。

二、现代自然风格

现代自然风格起源于1919年成立的包豪斯学派，该学派根据当时的历史背景，强调突破旧传统，创造新建筑，重视功能和空间组织，注重发挥结构构成本身的形式美，造型简洁，反对多余装饰，崇尚合理的

图3-23　现代自然风格

构成工艺，尊重材料的性能，讲究材料自身的质地和色彩的配置效果，发展了非传统的以功能布局为依据的不对称的构图手法。包豪斯学派重视实际的工艺制作操作，强调设计与工业生产的联系。

现代自然风格具有现代的特色、其装饰体现功能性和理性原则，在简单的设计中，也可以感受到个性的构思（图3-23）。色彩经常以棕色系列（浅茶色、棕色、象牙色）或灰色系列（白色、灰色、黑色）等中间色为基调色；材料一般用人造装饰板、玻璃、皮革、金属、塑料等，用直线表现现代的功能美。

第三节 现代风格

现代风格是比较流行的一种风格，追求时尚与潮流，非常注重居室空间的布局与使用功能的完美结合。现代主义也称功能主义，是工业社会的产物，其最早的代表是建于德国魏玛的包豪斯学校。其主题是：要创造一个能使艺术家接受现代生产最省力的环境——机械的环境。有几个明显的特征：喜欢使用最新的材料，尤其是不锈钢、铝塑板或合金材料，作为住宅空间装饰及家具（图3-24）。

图3-24 现代风格

一、代表派别

1．高技派

高技派或称重技派，注重"高度工业技术"的表现，有几个明显的特征：首先是喜欢使用最新的材料，尤其是不锈钢、铝塑板或合金材料，作为住宅空间装饰及家具设计的主要材料；其次是对于结构或机械组织的暴露，如把住宅空间水管、风管暴露在外，或使用透明的、裸露机械零件的家用电器；在功能上强调现代居室的视听功能或自动化设施，家用电器为主要陈设，构件节点精致、细巧，住宅空间艺术品均为抽象艺术风格（图3-25）。高技派典型的实例为法国巴黎蓬皮杜国家艺术与文化中心、香港中国银行等。

2．风格派

风格派—红蓝椅与曲折椅风格派起始于20世纪20年代的荷兰，它是立体主义画派的一个分支，认为艺术应消除与任何自然物体的联系，只有点、线、面等最小视觉元素和原色是真正具有普遍意义的永恒艺术主题。其住宅空间设计方面的代表人物是木工出身的里特威尔德，他将风格派的思想充分表达在家

（a）

（b）

图3-25 高技派展示图

图3-26　白色派展示图

图3-27　极简主义展示图

具、艺术品陈设等各个方面，风格派的出现使包豪斯的艺术思潮发生了转折，它所创造的绝对抽象的视觉语言及其代表人物的设计作品对于现代艺术、现代建筑和住宅空间设计产生了极其重要的影响。风格派认为"把生活环境抽象化，这对人们的生活就是一种真实"。

3. 白色派

迈耶—巴塞罗那现代艺术馆作品以白色为主（图3-26），具有一种超凡脱俗的气派和明显的非天然效果，被称为美国当代建筑中的"阳春白雪"，以埃森曼、格雷夫斯、格瓦斯梅、赫迪尤克和迈耶纽约五人组为代表。他们的设计思想和理论原则深受风格派和柯布西耶的影响，对纯净的建筑空间、体量和阳光下的立体主义构图、光影变化十分偏爱，故又被称为早期现代主义建筑的复兴主义。

4. 极简主义

也译作简约主义或微模主义（图3-27），20世纪60年代所兴起的一个艺术派系，又可称为"Minimal Art"，作为对抽象表现主义的反动而走向极致，以最原初的物自身或形式展示于观者面前为表现方式，意图消弭作者借着作品对观者意识的压迫性，极少化作品作为文本或符号形式出现时的暴力感，开放作品自身在艺术概念上的意象空间，让观者自主参与对作品的建构，最终成为作品在不特定限制下的作者。

5. 后现代主义

对于后现代风格各个理论家有自己不同的理解，有些认为仅仅指某种设计风格，有些认为是现代主义之后整个时代的名称。在这个名称的使用上，全世界的建筑理论界都还没有达成统一的标准和认识。后现代主义又称装饰主义和隐喻主义，兴起于20世纪60年代。后现代主义风格住宅空间设计的主要特点包括以下几点，第一，强调历史文脉及设计师的个性和自我表现力，反对重复前人设计经验，讲究创造。第二，强调建筑与住宅空间设计的矛盾性和复杂性，反对设计的简单化和程式化。第三，提倡多元化和多样性的设计理念，追求人文精神的融入。第四，崇尚隐喻和象征的设计手法，大胆运用装饰色彩。

6. 解构主义

盖里—迪斯尼音乐厅，一个从20世纪80年代晚期开始的后现代建筑思潮。它的特点是把整体破碎化（解构）。主要想法是对外观的处理，通过非线性或非欧几里得几何的设计，来形成建筑元素之间关系的变形与移位，譬如楼层和墙壁，或者结构和外廓（图3-28）。大厦完成后的视觉外观产生的各种解构"样式"以刺激性的不可预测性和可控的混乱为特征，是后现代主义的表现之一。

7. 新现代主义

新现代主义是一种从20世纪末期到21世纪初的建筑风格，最早在1965年出现。新现代建筑是透过新的简约而平民化的设计而对后现代建筑的复杂建筑结构及折衷主义的回应。有评论指出，这种对现行建筑风格的反思精神，"正是当代中国建筑所缺乏的"，从而"导致建筑师们以模仿代替创作、以平庸代替创新"。"新现代建筑"这个名词亦被用于泛指现时的建筑。

(a)

(b)

图3-28 解构主义展示图

图3-29 现代主义展示图

二、现代主义的主要特点

现代主义也称功能主义，是工业社会的产物，起源于1919年包豪斯（Bauhaus）学派，提倡突破传统，创造革新，重视功能和空间组织，注重发挥结构构成本身的形式美，造型简洁，反对多余装饰，崇尚合理的构成工艺；尊重材料的特性，讲究材料自身的质地和色彩的配置效果（图3-29）；强调设计与工业生产

的联系。现代风格一般用在描述建筑和住宅空间作品及设计作品。无论房间多大，一定要显得宽敞。不需要繁琐的装潢和过多家具，在装饰与布置中最大限度地体现空间与家具的整体协调。造型方面多采用几何结构，这就是现代简约主义时尚风格。

1. 色彩跳跃的个性化空间

现代风格家居的空间，色彩就要跳跃出来。高纯色彩的大量运用，大胆而灵活，不单是对现代风格家居的遵循，也是个性的展示。整个客厅被纯净的红色所主宰，红色的沙发，红色的背景墙，红色的地毯，张扬而不夸张［图3-30（a）］。以多功能组合柜为沙发背景，组合柜上推拉门的造型滑轮，以及铝合金与钢化玻璃等材料的大量应用，都是现代风格家具的常见装饰手法，给人带来前卫、不受拘束的感觉，组合柜上造型时尚简单的饰品因其纯净的色彩亦使空间多了几分时尚元素［图3-30（b）（c）］。

2. 简洁、实用的个性化空间

由于线条简单、装饰元素少，现代风格家具需要完美的软装配合，才能显示出美感。例如沙发需要靠垫、餐桌需要餐桌布、床需要窗帘和床单陪衬，软装到位是现代简约风格家具装饰的关键。一张沙发一个茶几一个电视柜，简单的线条，简单的组合，再加入超现实主义的无框画，金属灯罩、个性抱枕以及玻璃杯等简单的元素，就构成一个舒适简单的客厅空间。白橡木色为主的板式家具体现一个简单明快的主题，红色皮革的沙发，在色彩上达成一个鲜明的配置，空间顿生几许明艳。

3. 多功能的个性空间

现代风格家居重视功能和空间组织，注意发挥结构构成本身的形式美，造型简洁，反对多余装饰，崇尚合理的构成工艺，尊重材料的性能，讲究材料自身的质地和色彩的配置效果［图3-31（a）］，发展了非传统的以功能布局为依据的不对称的构图手法。一张沙发、一个茶几、一个酒柜的客厅却显得相当的繁华热闹。沙发对面的墙，用红砖图案的壁纸与几块原木搭建了一个壁炉景致，墙上一个层架，配以几幅风景画成一些饰品让整面墙更为生动，再加上一盆绿色植物与茶几上仙人掌花束，空间的自然感就更强烈了。

（a）　　　　　　　　　　　（b）　　　　　　　　　　　（c）

图3-30　色彩跳跃的设计

（a）　　　　　　　　　　　　　　　　　　　　　　　（b）

图3-31　多功能个性空间展示

沙发与茶几自身就具有很强的多功能性，板木结合的材质，有实木的自然朴实，亦有板式家具的简洁明快［图3-31（b）］。

思考题	1	解构主义有哪些内容？
	2	传统中式风格有哪些特点？
	3	自然风格分为哪几种？
	4	中式田园风格与美式乡村风格有哪些异同？
	5	找一张室内设计图片，分析它的风格和特点。

－ 熟记要点 －

后现代风格设计理论的形成：后现代风格住宅空间设计理论形成是由美国建筑师文丘里提出的。他提出现代主义运动所热衷的简单与逻辑是现代运动的基石，也是一种限制，它将导致乏味和单调。伟大源于复杂和矛盾的形式，用非传统的手法组合传统的部件，突破既定的思维模式，对传统进行新的认识，重视设计的精神因素，拓展设计的审美空间。

住宅空间的人体工程学

（a）

（b）

图4-1　人体工程学图解

人体工程学（Human Engineering），也称人机工程学、人类工程学、人体工学、人间工学或人类工效学（Ergonomics）。工效学Ergonomics原出希腊文"Ergo"，即"工作、劳动"和"nomos"即"规律、效果"，也即探讨人们劳动、工作效果、效能的规律性。人体工程学是由6门分支学科组成，即人体测量学、生物力学、劳动生理学、环境生理学、工程心理学、时间与工作研究学。人体工程学诞生于第二次世界大战之后（图4-1）。

人体工程学是住宅空间设计中必不可少的一门专业知识，了解人体工程学可以使装修设计尺寸更符合人们的日常行为和需要（图4-2）。住宅空间由点、线、面、体占据，扩展或围合而成的三度虚体（图4-3），具体有形状、色彩、材质等视觉要素，以及位置、方向、重心等要素。空间的形状与空间的比例、尺度都是密切相关的，直接影响到人对空间的感受（图4-4）。住宅空间的尺度与住宅空间功能的尺度相一致，尽管这种功能是多方位的。例如，居室过大将难以造成亲切感，现代住宅设计的原则是3大1小1多，居室空间只要能够保证功能的合理性，即可获得恰当的尺度感，但这样的空间尺度却不能适应公共活动的要求（图4-5～图4-7）。对于公共活动来讲，过小或过低的空间会使人感到局限和压抑，这样的尺度也会影响空间的公共性，公共空间一般具有较大的面积和高度，如酒店共享空间、银行营业厅、博物馆等，从功能上看要具有宏伟、力量、博大的气氛，要求有大尺度的空间（图4-8）。这也是功能与精神所要求的，那些历史上著名的教堂，其异乎寻常高大的空间尺度，主要不是由于功能使用要求，而是精神方面的要求所决定的。

图4-2　人体骨骼示意图

图4-3　三度虚体

（a）

（b）

图4-4　空间环境对人的影响

空间与尺度：住宅空间是为人所用的，是为适合人的行为和精神需求而建造的，因此在设计时应选择一个合理的比例和尺度，这里的"合理"指符合人们生理与心理两方面的需求。当我们观测一个物体或住宅空间大小时，往往运用周围已知大小的要素作为衡量标尺。这里说的"比例"和"尺度"的概念不完全一样。比例是指空间中各要素之间的数学关系，是整体和局部间存在的关系；而尺度是指人与住宅空间的比例关系所产生的心理感受。因此有些住宅空间同时采用两种尺度：一个是以整个空间形式为尺度的；另一个是以人体为尺度的，两种尺度各有侧重面，又有一定的联系。

图4-5　卧室活动空间解析图

图4-6　商场空间尺度解析图

图4-7　人物居家活动解析图

图4-8　空间高度对人体感受的影响

第一节　人体尺度

人体尺度，即人体在住宅空间完成各种动作时的活动范围（图4-9）。设计人员要根据人体尺度来确定门的高宽度、踏步的高宽度、窗台阳台的高度、家具的尺寸及间距、楼梯平台、家内净高等住宅空间尺寸（图4-10）。

一、常用术语

人体工程学是研究"人—机—环境"系统中人、机、环境三大要素之间的关系，为解决该系统中人的效能、健康问题提供理论与方法的科学（图4-11）。

图4-9　人体动作活动范围示意图

图4-10　接待空间等候区的平面尺度

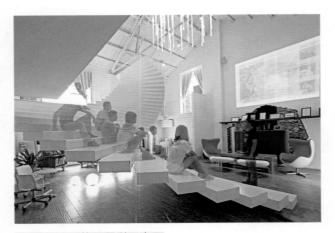

图4-11　人体工程学示意图

人体工程学常用术语如下。

（1）肘部高度：指从地面到人的前臂与上臂接合处可弯曲部分的距离。

（2）挺直坐高：是指人挺直坐着时，座椅表面到头顶的垂直距离。

（3）构造尺寸：是指静态的人体尺寸，它是人体处于固定的标准状态下测量的。

（4）功能尺寸：是指动态的人体尺寸，是人在进行某种功能活动时肢体所能达到的空间范围，它是动态的人体状态下测得。是由关节的活动、转动所产生的角度与肢体的长度协调产生的范围尺寸，它对于解决许多带有空间范围、位置的问题很有用。

（5）身高：指人身体直立、眼睛向前平视时从地面到头顶的垂直距离。

（6）正常坐高：是指人放松坐着时，从座椅表面到头顶的垂直距离。

（7）眼高（站立）：是指人身体直立、眼睛向前平视时从地面到内眼角的垂直距离。

（8）眼高（坐姿）：是指人的内眼角到座椅表面的垂直距离。

（9）肩高：是指从座椅表面到脖子与肩峰之间的肩中部位置的垂直距离。

（10）肩宽：是指两个三角肌外侧的最大水平距离。

（11）两肘宽：是指两肋屈曲、自然靠近身体、前臂平伸时两肋外则面之间的水平距离。

（12）肘高：是指从座椅表面到肘部尖端的垂直距离。

（13）大腿厚度：是指从座椅表面到大腿与腹部交接处的大腿端部之间的垂直距离。

（14）膝盖高度：是指从地面到膝盖骨中点的垂直距离。

（15）膝腘高度：是指人挺直身体坐着时，从地面到膝盖背面（腿弯）的垂直距离。测量时膝盖与髁骨垂直方向对正，赤裸的大腿底面与膝盖背面（腿弯）接触座椅表面。

（16）垂直手握高度：是指人站立、手握横杆，然后使横杆上升到不使人感到不舒服或拉得过紧的限度为止，此时从地面到横杆顶的垂直距离。

（17）侧向手握距离：是指人直立、右手侧向平伸握住横杆，一直伸展到没有感到不舒服或拉得过紧的位置，这时从人体中线到横杆外侧面的水平距离。

（18）向前手握距离：这个距离是指人肩膀靠墙直立，手臂向前平伸，食指与拇指尖接触，这时从墙到拇指梢的水平距离。

（19）肢体活动范围：肢体的活动空间实际上它也就是人在某种姿态下肢体所能触及的空间范围。因为这一概念也常常被用来解决人们在各种作业环境的问题，所以也称为"作业域"。

（20）人体活动空间：现实生活中人们并非总是保持一种姿势不变，人们总是在变换着姿势，并且人体本身也随着活动的需要而移动位置，这种姿势的变换和人体移动所占用的空间构成了人体活动空间。

（21）姿态变换：姿态的变换集中于正立姿态与其他可能姿态之间的变换，姿态的变换所占用的空间

并不一定等于变换前的姿态和变换后的姿态占用空间的重叠。

（22）肌肉施力：无论是人体自身的平衡稳定或人体的运动，都离不开肌肉的机能。肌肉的机能是收缩和产生肌力，肌力可以作用于骨，通过人体结构再作用于其他物体上，称为肌肉施力。肌肉施力有动态肌肉施力和静态肌肉施力。

（23）睡眠深度：休息的好坏取决于神经抑制的深度也就是睡眠的深度。睡眠深度与活动的频率有直接关系，频率越高，睡眠深度越浅。

（24）视野：视野是指眼睛固定于一点时所能看到的范围。

（25）相对亮度：相对亮度是指光强度与背景的对比关系，称为相对值。

（26）视力：视力是眼睛测小物体和分辨细节的能力，它随着被观察物体的大小、光谱、相对亮度和观察时间的不同而变化。

（27）残像：眼睛在经过强光刺激后，会有影像残留于视网膜上，这是由于视网膜的化学作用残留引起的。残像的问题主要是影响观察，因此应尽量避免强光和玄光的出现。

（28）暗适应：人眼中有两种感觉细胞：锥体和杆体。锥体在明亮时起作用，而杆体对弱光敏感，人在突然进入黑暗环境时，锥体失去了感觉功能，而杆体还不能立即工作，因而需要一定的适应时间。

（29）色彩还原：光色会影响人对物体本来色彩的观察，造成失真，影响人对物体的印象。日光色是色彩还原的最佳光源，食物用暖色光、蔬菜用黄色光比较好。

（30）噪声：最简单的定义是：噪声是干扰声音。凡是干扰人的活动（包括心理活动）的声音都是噪声，这是从噪声的作用来对噪声下定义的；噪声还能引起人强烈的心理反应，如果一个声音引起了人的烦恼，即使是音乐的声音，也会被人称为噪声，例如某人在专心读书，任何声音对他而言都可能是噪声。因此，也可以是人对声音的反应这个角度来定义噪声。噪声是引起烦恼的声音。

二、常用的住宅空间尺寸

（1）支承墙体：厚度0.24米。

（2）住宅空间隔墙断墙体：厚度0.12米。

（3）大门：门高2.0～2.4米，门宽0.90～0.95米；住宅空间门：高1.9～2.0米、宽0.8～0.9米、门套厚度0.1米；厕所、厨房门：宽0.8～0.9米、高1.9～2.0米。

（4）住宅空间窗：高1.0米左右，窗台距地面高度0.9～1.0米；室外窗：高1.5米，窗台距地面高度1.0米

（5）玄关：宽1.0米、墙厚0.24米。

（6）阳台：宽1.4～1.6米、长3.0～4.0米（一般与客厅的长度相同）。

（7）踏步：高0.15～0.16米、长0.99～1.15米、宽0.25米；扶手宽0.01米、扶手间距0.02米、中间的休息平台宽1.0米。

人体尺度，即人体在住宅空间完成各种动作时的活动范围。人体尺度是人体工程学研究的最基本的数据之一。

第二节　人体尺度与家具

人体尺寸与家具设计的关系：无论人体家具还是贮存家具，都必须满足使用要求，使其符合人体的基本尺寸和从事各种活动所需要的尺寸（图4-12）。

一、人体尺寸与家具设计的关系

1. 椅子

沙发、椅、凳类的家具，要符合人们端坐时的形态特征和生理要求。椅属支承型家具（图4-13），它的设计基准点是人坐着时的坐骨结节点。这是因为人

在坐着时，肘的位置和眼的高度，都是以坐骨结节点为基准来确定的。因此，可以根据这些基准点来确定椅子的前后、左右、上下几个方向的功能尺寸。对于椅子的设计，首先要考虑的是使人感到舒适，其次再考虑它的美观和实用。在椅子中，与舒适有关的几个因素是：座面、靠背、脚踏板和扶手（图4-14）。

（1）座面高度是椅子设计中最基本、最重要的尺寸，主要与人的小腿长度有关。座面过高，会使两脚悬空，下肢血液循环不畅；座面过低，会使小腿肌肉紧张，造成麻木或肿胀。因此，椅子的座面高度应根

图4-12　人体尺寸与家具的关系

图4-13　人体尺寸与椅的关系

图4-14　人体尺寸与沙发的关系

据我国人体尺度的平均值来计算，并考虑到使小腿有一个活动余地，在大腿前部与坐面之间保证有10～20毫米的空隙。一般来说，椅子的座面高应以400毫米为宜，高于或低于400毫米，都会使人的腰部产生疲劳感（图4-15）。

（2）靠背：椅子靠背的设计，主要有靠背高度、坐板与靠背的角度两个方面。合理的靠背高度能使人体保持平衡，并保持优美的坐姿。一般椅子的靠背高度宜在肩脚以下，这样既不影响人的上肢活动，又能使背部肌肉得到充分的休息。当然，对于一些工作椅或者是供人休息的沙发，其椅背的高度是变化的，有的可能只达腰脊的上沿，有的可能达到人的头部或颈部。坐板与靠背的角度，也是视椅子的用途而定的，一般椅子的夹角为90°～95°，而供休息用的沙发夹角可达100°～115°，甚至更大。

（3）脚踏板：椅子的设计还必须考虑脚的自由活动空间，因为脚的位置决定了小腿的位置，使小腿或者与上身平行，或者与大腿的夹角约为90°。因此，脚踏板的位置应摆在脚的前方或上方，方便脚的活动。

（4）扶手：扶手的位置，也比较有讲究。日本学者研究的资料表明，无论靠背的角度怎样，对于人体上身主轴来说，扶手倾角以90°±20°为宜。至于扶手的左右角，则应前后平行或者前端稍有张开。

2. 桌子

桌子是介于人体家具与建筑家具之间的家具（图4-16），故又称为"准人体家具"。因此，桌子设计的基准点可以是人体，即以坐骨结节点为基准（图4-17），桌面高度应是坐面坐骨结节点到桌面的距离（即差尺）与坐面高度（即椅高）之和，也可以以住宅空间地面为基准点，它和人着地的脚跟有关，这时桌面的高度应是桌面到地面的距离，但是，不管以什么作为设计基准点，都要使桌子有合乎人体尺度的高度、宽度、长度，还要有使两腿在桌面之下能自由活动的空间。在上述尺寸中，差尺是桌子设计中最重要的尺寸，因为人一旦在坐骨结节点的位置确定之后，该点和肘的位置关系就决定了桌面的高度，过高会使人脊

图4-15　人体座椅感官示意图

图4-16　人体与桌子的关系

图4-17　桌子的平面尺度图

图4-18 人体与床的关系

图4-19 小衣柜与床间距示意图

图4-20 人体与柜的关系

柱弯曲、耸肩、肌肉疲劳；过低，则会使人"伏案"写作，影响脊椎和视力。只有最佳的高度，才能使人的肩部放松，保持最佳视距。

3. 床

床属支承型家具，它以人体尺度为设计基准点（图4-18）。床的长度按能满足较高的人为宜，一般在1900～2900毫米。床的宽度以人仰卧时的尺寸为基础，再考虑人翻身的需要，一个健康的人睡一夜要翻身20～40次。若床过窄，不敢翻身，人就处于紧张状态。因此，一般单人床的宽度以900～1200毫米为宜，双人床的宽度以1500～2000毫米为宜。床的高度可按椅子的高度来确定，因为床既是睡具，也可当坐具（图4-19）。

4. 柜

柜属贮藏型的家具，又称"建筑家具"（图4-20），它的设计标高尺寸是以住宅空间地面为基准点，以人的存取方便为原则，并考虑柜内贮物的种类。一般常用衣物均放在人伸手可及、视野合理的范围，不常用物品存放应保证自由存放的可能。因此，柜的高度最高不要超过2400mm；柜的深度要以能最大限度地存贮衣物，同时考虑人的存取方便为原则。

二、家具设计的基本要素

实用和美观，家具作为家居的一个重要组成部分依然需要遵循这规则。家具可不是只要好看就行，还要使用起来舒适方便[图4-21（a）]。现代家具的设计特别强调与人体工程学相结合。人体工程学重视"以人为本"，讲求一切为人服务，强调人类的衣、食、住、行，从人的自身出发，在以人为主体的前提下考虑其他因素[图4-21（b）（c）]。人体工程学已广泛应用于现代的工业产品设计，在家具设计中的应用也日渐成熟。

同时，把人的工作、学习、休息等生活行为分解成各种姿势模型，以此来研究家具设计，根据人的立位、坐位和卧位的基准点来规范家具的基本尺度及家具间的相互关系[图4-21（d）]。具体的说，在家具尺度的设计中，柜类、桌类的高度设计以人的立位基准点为准；坐位使用的家具，如写字台、餐桌、座椅等以坐位基准点为准；床、沙发床及榻等卧具以卧位基准点为准。

如设计座椅高度时，就是以人的坐位（坐骨结节点）基准点为准进行测量和设计，高度常定在390毫米～420毫米，因为高度小于380毫米，人的膝盖就会拱起引起不舒适的感觉，而且起立时显得困难；高度大于人体下肢长度500毫米时，体压分散至大腿部分，使大腿内侧受压，下腿肿胀等。另外，座面的宽度、

（a）

（b）

（c）

（d）

图4-21 人体工程学家居展示

图4-22 炉灶布置立面示意图

图4-23 人体工程桌椅展示图

深度、倾斜度、靠背弯曲度无不充分考虑了人体的尺度及各部位的活动规律（图4-22）。在柜类家具的深度设计、写字台的高度及容腿空间、床垫的弹性设计等方面也无不以人为主体，从人的生理需要出发。日常生活中，大家都会有这样的体会，比如我们用的餐桌较高，而餐椅不配套，就会令人产生够不着菜的感觉，不小心还会污染了衣服袖口。如果书桌过高，椅子过低，就会使人形成趴伏的姿势，无形中又缩短了视距，久而久之，就容易造成脊椎弯曲和眼睛近视。为此，使用的家具一定要有标准（图4-23）。

正确的桌椅高度应该能使人在正坐时保持两个基本垂直：一是当两脚平放地面时，大腿与小腿能够基本垂直。这时，座面前沿不能对大腿下增面形成压迫，否则就容易使人产生腿麻的感觉。二是当两臂自然下垂时，上臂与小臂基本垂直，这时桌面高度应该刚好与小臂下平面接触。这样就可以使人保持正确的坐姿和书写姿势。

国标规定沙发尺寸：单人沙发，座前宽不应小于

480毫米，小于这个尺寸，人即使能勉强坐进去，也会感到拥挤（图4-24）。座面的深度应在480～600毫米范围内，过深则小腿无法自然下垂，腿肚将受到压迫；过浅，就会感觉坐不住。座面的高度应在360～420毫米范围内，过高就像坐在椅子上，感觉不舒适；过低，坐下去站起来都会感到很困难。国家标准规定，挂衣杆上沿至柜顶板的距离为40～60毫米。大了，则浪费空间；小了，则放不进去衣架。挂衣杆下沿至柜底板的距离，挂长大衣不应小于1350毫米。挂短外衣不应小于850毫米。衣柜的深度主要考虑人的肩宽因素，不应小于500毫米，否则纵向挂衣就挂不开，只有斜挂才能关上柜门。

三、橱柜流行人体工程学

如今，在我们全新的厨房概念中，厨房不再仅仅是烧菜的地方，它还应该是娱乐、休闲、朋友聚会、沟通情感的家庭场所。一天工作回来，家里人都会在

图4-24　人体工程沙发展示图

图4-25　橱柜展示图

这里进进出出，一边准备丰盛美味的晚餐，一边说说当天单位里、学校里的趣事。我们的"厨房新生活"传达了一个全新的生活概念。

因此，我们在选购橱柜时不仅要注意柜体面材的选择，在进行厨房设计时，还应该考虑合理的作业流程和人体工程学设计。合理的工作流程可以在厨房作业时，保持一份悠然自得的心态，舒适的人体工程学尺度能充分让人感受到人性化的温暖，操作起来也得心应手（图4-25）。人体工程学是一门充满人性化考虑的科学，也是最贴心、最舒适的科学。

第三节　人体尺度与空间

由于人体工程学是一门新兴的学科，人体工程学在住宅空间环境设计中应用的深度和广度，有待于进一步认真开发，已有开展的应用方面如下。

一、人和人际在住宅空间活动所需空间

确定人和人际在住宅空间活动所需空间的主要依据，根据人体工程学中的有关计测数据，从人体的尺度、动作域、心理空间以及人际交往的空间等，以确定空间范围（图4-26）。

二、家具、设施的形体、尺度及其使用范围

确定家具、设施的形体、尺度及其使用范围主要依据家具设施为人所使用，因此它们的形体、尺度必须以人体尺度为主要依据；同时，人们为了使用这些家具和设施，其周围必须留有活动和使用的最小余地，这些要求都由人体工程科学地予以解决（图4-27）。住宅空间越小，停留时间越长，对这方面内容测试的要求也越高。

图4-26　起居室活动空间示意图

图4-27　人体尺度与家具展示图

三、人体的住宅空间物理环境的最佳参数

住宅空间物理环境主要有住宅空间热环境、声环境、光环境、重力环境、辐射环境等，住宅空间设计时有了上述要求的科学的参数后，在设计时有可能有正确的决策［图4-28（a）］。由各个界面围合而成的住宅空间，其形状特征常会使活动于其中的人们产生不同的心理感受。著名建筑师贝聿铭曾对他的作品——具有三角形斜向空间的华盛顿艺术馆新馆有很好的论述，贝聿铭认为三角形、多灭点的斜向空间常给人以动态和富有变化的心理感受［图4-28（b）（c）］。

四、环境心理学原理

环境心理学的原理在住宅空间设计中的应用面极

广，暂列举下述几点。

1. 住宅空间环境设计应符合人们的行为和心理

例如现代大型商场的住宅空间设计，顾客的购物行为已从单一的购物，发展为购物—游览—休闲—信息—服务等行为。购物要求尽可能接近商品，亲手挑选比较，由此自选及开架布局的商场结合茶座、游乐、托儿等模式应运而生。

2. 认知环境和心理行为模式对组织住宅空间的提示

从环境中接受初始刺激的是感觉器官，评价环境或作出相应行为反应的判断是大脑，因此，"可以说对环境的认知是由感觉器官和大脑一起进行工作的"［图4-29（a）］。认知环境结合上述心理行为模式的种种表现，设计者能够比通常单纯从使用功能、人体尺度等起始的设计依据，有了组织空间、确定其尺度范围和形状、选择其光照和色调等更为深刻的提示［图4-29（b）］。

五、人体工程学在住宅空间环境设计的应用

由于人体工程学是一门新兴的学科，人体工程学在住宅空间环境设计中应用的深度和广度，有待于进一步认真开发，目前已开展的应用方面如下。

1. 确定人和人体在住宅空间活动所需空间的主要依据

根据人体工程学中的有关计测数据，从人的尺度、动作域、心理空间以及人际交往的空间等确定空间范

（a）

（b）

（c）

图4-28　空间设计展示

（a）

（b）

图4-29 心理舒适的环境展示

（a）

（b）

图4-30 家居展示图

围［图4-30（a）］。

2．确定家具、设施的形体、尺度及其使用范围的主要依据

家具设施为人所使用，因此它们的形体、尺度必须以人体尺度为主要依据［图4-30（b）］；同时，人们为了使用这些家具和设施，其周围必须留有活动和使用的最小余地，这些要求都由人体工程科学地予以解决。住宅空间越小，停留时间越长，对这方面内容测试的要求也越高。

3．提供适应人体的住宅空间物理环境的最佳参数

住宅空间物理环境主要有住宅空间热环境、声环境、光环境、重力环境、辐射环境等，有了上述要求的科学的参数后，在设计住宅空间时才有可能有正确的决策。

4．对视觉要素的计测为住宅空间视觉环境设计提供科学依据

人眼的视力、视野、光觉、色觉是视觉的要素，人体工程学通过计测得到的数据，对住宅空间光照设计、住宅空间色彩设计、视觉最佳区域等提供了科学的依据。

六、空间与人体工程学

1．卧室

卧室的面宽不能太小（图4-31），一般应在3.3米以上，现在的潮流是人们已不习惯将床摆在窗下，或者摆在卧室的一角。许多家庭都将床置于卧室中间，床的顶端靠墙，左右两边都要留有过道，这样，夫妻

两人就可以从左右两侧分别起床，不至于影响对方。床的末端同样要留有过道，而且还应考虑摆放电视的位置，这已成为新的时尚。床的长度不应小于2米，由此可知，卧室的面宽应保持在3.3～3.5米（图4-32）。

2. 洗手间

洗手间面积一般要4.0平方米，近年来，住宅中的洗手间有越来越大之势，这样的趋势并不好。另有一些住宅，设计了三四个洗手间，功能重复，华而不实，专家对此颇有微辞。通常而言，120平方米以内的两居室，设计两个洗手间便足矣。主洗手间的尺度应略大一点，以彰显生活品位，但是，不能过大，主洗手间的面积6平方米已经非常宽敞舒适了，可以从容安排洗手台、马桶、浴缸或花洒，当然也可以设计成干湿分离式洗手间，将洗浴与如厕分开。

3. 客厅

客厅是整套住宅的核心，属于家庭内的公共交往空间，面宽至少4.2米，大多数客厅之中均需摆放沙发、电视、茶几等物品（图4-33）。从前的居室设计人员，多把客厅的面宽设计为4米以内，现在看来，这已符合当今的生活潮流。现代家庭中30英寸以上的彩电比比皆是。据科学家测算，人体与彩电之间的距离应相当彩电屏幕宽度的7倍以上，由此可知，客厅的面宽至少应为4.2米，而且客厅内至少应有两面连贯完整的墙壁，以便从容摆放沙发、电视柜等家具。

4. 厨房

厨房面宽不小于1.6米，厨房在家庭中必不可少，而且担负着特殊的任务，它既是家庭中的劳动密集型空间，也是技术密集空间，这里分布着大量的管道和厨房设备（图4-34）。既然厨房是劳作的空间，那么，它必须满足人体工程学的要求。厨房的面宽最好不小于1.6米，否则除去一侧摆放的厨具灶具，人的活动空间便非常拥挤了（图4-35）。假如厨房的面宽达到2.2米以上时，便可以双向布置厨具与灶具，这是很科学的尺度。

图4-31 床与墙的间距

图4-32 卧室床位展示图

图4-33 客厅展示图

图4-34　厨房展示图

图4-35　厨房布置尺寸

第四节　住宅空间中人的感知行为

随着住宅空间设计学科的不断完善，环境心理学在住宅空间设计中的作用日益显现，并且成为现代住宅空间设计的指导理论。住宅空间居住空间设计更加强调"以人为本"的设计理念，强调以人的感受作为设计的终极目标（图4-36）。住宅空间实实在在，潜移默化，润物无声的影响着人的心理情绪和身体健康。所以，从人的感受出发，研究人与住宅空间环境的关系以及如何创造合适的住宅空间环境是必要的。比如

住宅空间设计中的色彩，对人的视觉是一个十分醒目且敏感的因素，在住宅空间居住空间设计中举足轻重。色彩一般包括色相、明度和彩度三个基本要素。色相就是色别，即不同色彩的种类和名称；明度是指色彩的明暗程度；彩度也叫饱和度，即标准色。一般黄、绿、灰三色是家居客厅中的主要色彩。灰色给人稳重高雅的感觉，黄色冲淡了灰的沉闷，而绿色中和了黄的耀眼，形成愉悦心情，多彩而不乱的完美统一（图4-37）。

图4-36　以人为本的住宅设计展示

图4-37　色彩丰富的住宅设计展示

（a）　　　　（b）

（c）　　　　（d）

图4-38　优秀室内设计展示

在住宅空间居住空间设计中只要充分考虑人的感受，兼顾功能实用性和艺术美观性，就能创造出符合要求的住宅空间环境，解决了物质问题，自然会有精神文化层面的要求［图4-38（a）］。同样，任何种类的设计其开始都是为了满足"用"，住宅空间居住空间的设计亦不例外。解决了这个基本问题后对美感的追求会随之而来。当然，实用与美观不能割裂，就是既要好用，也要好看［图4-38（b）］。之所以住宅空间设计中的精神情感因素不是可有可无的，这是因为在当今社会人们对住宅空间环境的要求不仅仅停留在物质层面上，而是开始重视精神与情感层面的要求，追求具有人文色彩与文化内涵的住宅空间环境［图4-38（c）］。所以要注意设计风格的选择，用不同的设计风格来体现出居住者不同的品位、追求和生活方式。一般黄、白色是家居客厅中的主要色彩。白给人稳重高雅的感觉，黄色冲淡了白的单一［图4-38（d）］，而形成愉悦心情，多彩而不乱的完美统一。

	1	人体工程学中膝腘高度指的是什么？
思	2	家居设计的基本要素是什么？
考	3	卫生间的面积最好是多少？为什么？
题	4	人体工程学家具为什么能给人更好的享受？
	5	居住空间对人的性格有无影响？

第五章

5

采光与照明

第一节　自然采光设计

第二节　人工照明设计

（a）　　　　　　　　　　　　　　　　（b）

图5-1　室内采光设计展示

（a）　　　　　　　　　　　　　　　　（b）

图5-2　室内采光设计展示

　　采光设计旨在提升用户的舒适度和幸福感。人们会以多种方式对光线做出反应，通过认识和感受（而非光度值）来体验光线。所以，优秀的设计方案是微妙的、多面的。采光设计需要考虑到人体对采光的依赖、营造欢愉和乐趣、创造出"空间"，以及住宅空间对其周围环境的影响。为了建造出在自然界中可持续的建筑物（图5-1），最重要的是以人为本。采光可分为直接采光和间接采光，直接采光指采光窗户直接向外开设；间接采光指采光窗户朝向封闭式走廊（一般为外廊）、直接采光的厅、厨房等开设，有的厨房、厅、卫生间利用小天井采光［图5-2（a）］采光效果如同间接采光。自然采光通常是将住宅空间对自然光的利用，称为"采光"。一处称心的房子，采光条件十分重要。采光良好的住宅可以节约能源，使人心情舒畅［图5-2（b）］，便于住宅内部各使用功能的布置，否则将会长期生活在昏暗之中，依靠人工照明，对人的身心健康十分不利。选购住宅时，其主要房间应有良好的直接采光，并至少有一个主要房间朝向阳面。

第一节　自然采光设计

　　太阳光是取之不尽的源泉，太阳光无时无刻不在改变之中，并将变化的天空色彩、光层和气候传送到它所照亮的表面和形体上去。白天太阳光作为住宅空间采光，通过墙面上的窗户进入房间，投落在房间的表面上，使之色彩增辉、质感明朗［图5-3（a）（b）］。由太阳光而产生的光影图案变化使房间的空间活跃，清晰明朗地表达了住宅空间的形体。光和影，对于家居装饰有润色作用［图5-3（c）（d）］，使住宅空间充盈艺术韵味和生活情趣。自然采光通常是将住宅空间对自然光的利用，称为"采光"。日光照明的历史和建筑本身一样悠久，但随着方便高效的电灯的出现，日光逐渐为人们所忽视。直到最近，人们才重新审视自己一味追求物质享受，过度消耗地球自然资源的不理智行为。

（a）

（b）

（c）

（d）

图5-3　自然采光设计展示

一、住宅空间自然采光的形式

自然采光是指在建筑的维护结构上开设的各种形式的洞口，装上各种透光材料（图5-4），形成某种采光的形式。按采光形式可分为侧面采光与顶部采光。侧面采光是在住宅空间的墙面上开的一种采光口的形式，在建筑上也称侧窗。侧窗的形式通常是长方形，

它的特点是：构造简单，光线具有明显的方向性，并具有易开启、防雨、透风、隔热等优点。侧窗一般置于1m左右的高度。有些较大型的住宅空间将侧窗设置到2m以上，称之为高侧窗。从照度的均匀性来看，长方形采光口在住宅空间所形成的照度比较均匀。顶部采光是在建筑物的顶部结构设置采光口的一种形式［图5-5（a）（b）（c）］，即我们平时所说的天窗。天

（a）

（b）

图5-4　透光材料效果展示

（a）

（b）

（c）

（d）

图5-5　顶部采光展示

窗一般有矩形天窗、平天窗、横向天窗、井式天窗即住宅空间中庭采光天窗等。顶部采光的最大特点是采光量均匀分布，对临近住宅空间没有干扰［图5-5（d）］，常用于大型住宅空间。

二、新采光技术解决的问题

充分利用天然光，为人们提供舒适和健康的天然光环境，传统的采光手段已无法满足要求，新的采光技术的出现主要是解决以下三方面的问题。

1. 解决大进深建筑内部的采光问题

由于建设用地的日益紧张和建筑功能的日趋复杂，建筑物的进深不断加大，仅靠侧窗采光已不能满足建筑物内部的采光要求。

2. 提高采光质量

传统的侧窗采光，随着与窗距离的增加住宅空间照度显著降低。

3. 解决天然光的稳定性问题

天然光的不稳定性一直都是天然光利用中的一大难点所在，通过日光跟踪系统的使用，可最大限度地捕捉太阳光，在一定的时间内保持住宅空间较高的照度值（图5-6）。目前新的采光技术可以说层出不穷，它们往往利用光的反射、折射或衍射等特性，将天然光引入，并且传输到需要的地方。

- 熟记要点 -

导光管：最初主要传输人工光，逐渐扩展到天然采光。导光管主要由三部分组成：收集日光的集光器，传输光的管体部分和控制光线在住宅空间分布的出光部分。其中集光器有两种：主动式集光器通过传感器的控制来跟踪太阳，最大限度地采集日光；被动式集光器是固定不动的。管体部分主要是利用光的全反射原理来传输太阳光。光扩散元件部分则是通过漫反射或其他扩散附件来调节阳光进入房间的形式。实际中垂直方向的导光管普遍应用，穿过结构复杂的屋面及楼板，把天然光引入每一层直至地下层。德国柏林波茨坦广场上使用的导光管，直径约为500毫米，顶部装有可随日光方向自动调整角度的反光镜，管体采用传输效率较高的棱镜薄膜制作，可将天然光高效地传输到地下空间，同时也成为广场景观的一部分。北科大体育馆安装了148个直径为530毫米的光导管。体育馆的钢屋架是网架结构，杆件较多，如果用开天窗的方法采集自然光，会受到杆件遮挡，效果不甚理想，而使用光导管就很好地解决了这个问题。

自然光优势：光是建筑空间得以呈现、空间活动得以进行的必要条件之一。尽管目前人工光已经普遍应用于建筑住宅空间照明，但是自然光仍然具有人工照明无法替代的优势。

（1）人眼在自然环境中辨认能力强，舒适度好，不易引起视觉疲劳，有利于视觉健康。

（2）通过自然采光的亮度强弱变化、光影的移动，在住宅空间生活的人们可以感知昼夜的更替和四季的循环，有利于心理健康。

（3）充分利用自然光有利于建筑节能。另外，在建筑设计中，通过自然光的光影变化可以塑造出不同的效果。

（a）

（b）

图5-6　新采光技术展示

第二节　人工照明设计

照明指的是，使用各种光源（人工的如灯泡，或自然的日光）来照亮特定的场所或环境。现代的人工照明主要使用的是电力照明装置，而过去使用的则是煤气灯（瓦斯灯）、蜡烛、油灯等，是利用各种光源照亮工作和生活场所或个别物体的措施。利用太阳和天空光的称"天然采光"；利用人工光源的称"人工照明"。照明的首要目的是创造良好的可见度和舒适愉快的环境。

一、人工照明概念

人工照明是为创造夜间建筑物内外不同场所的光照环境（图5-7），补充白

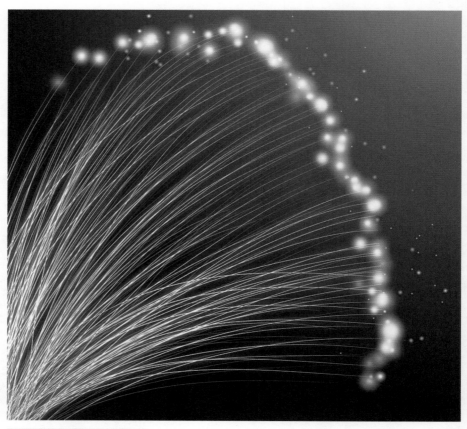

图5-7　现代照明灯管展示

昼因时间、气候、地点不同造成的采光不足，以满足工作、学习和生活的需求，而采取的人为照明措施。人工照明除必须满足功能上的要求外，有些以艺术环境观感为主的场合，如大型门厅、休息室等，应强调艺术效果。因此，不仅在不同场所的照明（如工业建筑照明、公共建筑照明、室外照明、道路照明、建筑夜景照明等）上要考虑功能与艺术效果（图5-8），而且在灯具（光源、灯罩及附件之总称）、照明方式上也要考虑功能与艺术的统一。

二、节能灯

俗称的"节能灯"正式名称为紧凑型三基色稀土节能荧光灯，由于其具备光效高、光衰小、寿命长等特点，成为新一代节能照明产品的佼佼者，在绿色照明推广中起着举足轻重的作用。它与普通白炽灯相比，在达到相同照度情况下，是白炽灯效率的5倍，寿命是白炽灯的8倍，节电率高达80%。

三、绿色照明

在人类对地球温室效应和环境保护的高度重视下，"绿色照明"的概念步入了我们的生活。"绿色照明"源于20世纪90年代。由于全球面临能源和生态危机，节约能源和保护环境成为人们的共识。1991年1月美国环保局（EPA）首先提出实施"绿色照明"和推进"绿色照明工程"的概念，很快得到联合国的支持，并受到许多发达与发展中国家的重视。各国积极响应，纷纷采取相应的政策和措施，来推进绿色照明工程的实施。"绿色照明"概念由此得到全世界的认同。

四、人工照明灯具的分类

1. 按风格分

分为现代风格和古典风格（图5-9），现在业内流行一个新的名词叫后现代，就是从现代风格演变过来的一种新风格。有很强的现代强，但又和以前的现代风格有本质的区别。

图5-8 照明灯管效果展示

图5-9 现代风格的人工照明展示

2. 按全球地区分

主要有中国风格（图5-10）、欧式风格（图5-11）、中东式、韩国风格等，区分各种风格需要自己去感受。

3. 按灯具种类分

分为吊灯、落地灯、吸顶灯、台灯、壁灯、天花灯和筒灯属于商照领域，但是也具有一定的装饰性和观赏性，在此也将划分为灯饰。

4. 按场景分

可分为住宅空间和室外两种。上面所说的为室内空间装饰性灯饰，而室外的灯饰，比如庭院灯、景观灯等。

5. 按材质分

可分为水晶，云石，玻璃，铜，锌合金，不锈钢，亚克力（塑胶和塑料）等材质，这只是说主体所用材质，在设计制作时这些材料是共用的。应根据自己的实际需求和个人喜好来选择灯具的样式。比如注重灯的实用性，就应挑选黑色，深红色等深色系镶边的吸顶灯或落地灯，而若注重装饰性又追求现代化风格，那就可选择活泼点的灯饰。如果是喜爱民族特色造型的灯具，则可以选择雕塑工艺落地灯。

其次，灯具的色彩应与家居的环境装修风格相协调，居室灯光的布置必须考虑到住宅空间家具的风格、墙面的色泽、家用电器的色彩，否则灯光与居室的整体色调不一致，反而会弄巧成拙。比如住宅空间墙纸的色彩是浅色系的，就应以暖色调的白炽灯为光源，这样就可营造出明亮柔和的光环境。最后，灯具的大小要结合住宅空间的面积，家具的多少及相应尺寸来配置。如12平方米以下的小客厅宜采用直径为200毫米以下的吸顶灯或壁灯，灯具数量、大小应配合适宜，以免显得过于拥挤。在15平方米左右的客厅，应采用直径为300毫米左右的吸顶灯或多叉花饰吊灯，灯的直径最大不得超过400毫米。在挂有壁画的两旁安上射灯或壁灯衬托，效果会更好。

五、人工照明要求和分类

保证一定的照度、适宜的亮度分布和防止眩光的产生，选择优美的灯具形式和创造一定的灯光艺术效果（图5-12）。考虑人工照明时，应注意解决眩光的问题，通常采用加大灯具保护角、控制光源不外露等方法作为防止产生眩光的措施。此外，还可以采取提高光源的悬挂高度、选用间接照明和漫射照明等减弱眩光的措施。

六、灯具的类型

在设计过程中住宅灯具的设计与选择也是住宅空间光环境的重要一环。如果处理不好就会影响整个住宅空间光环境的质量。因此它是住宅空间设计过程中不容忽视的环节（图5-13）。

1. 灯具的形式
通常情况下灯具的形式有吊灯、吸顶灯、嵌顶灯、槽灯、光龛、发光天棚、台灯、壁灯、立灯、射灯和其他灯具。

2. 灯具的选择
由于现代照明工业的迅速发展和生产技术的进步，灯具的种类和样式日新月异，因此对灯具的选择也是极为重要的问题。首先应着眼于住宅空间整体的造型风格、色调、环境气氛的需要（图5-14）。其次，选择灯具要重视机能与实效。再次，要考虑灯具与住宅空间体量和尺度的关系，做到相宜得体。灯具是光环境的细胞，光环境又是整个设计的精髓，为此，对住宅空间光环境的各个层次，都要综合、整体进行设计。

图5-10　中国风格的人工照明展示

图5-11　欧式风格的人工照明展示

图5-12　艺术灯

（a）

（b）

（c）

图5-13　灯具效果展示

（a）

（b）

图5-14　灯具效果展示

	1	侧面采光的特点是什么？
思	2	人工照明灯具种类有哪些？
考	3	人工照明灯具该如何选购？
题	4	地中海风格客厅应选用什么灯具？为什么？
	5	嵌顶灯与吊灯有哪些区别？

第六章

6

色彩搭配设计

"色彩搭配"这一理念在20世纪末才开始传入中国，十几年来，"色彩搭配"已经风靡了中国的大江南北，不仅对于人们的穿衣打扮有了指导，还对促进商业企业的新型营销，提高城市与建筑的色彩规划水平，改善全社会的视觉环境都起到了重要的推动作用。

第一节　色彩原理

丰富多样的颜色可以分成两个大类无彩色系和有彩色系，有彩色系的颜色具有三个基本特性：色相、纯度、明度。在色彩学上也称为色彩的三大要素或色彩的三属性，饱和度为0的颜色为无彩色系。

一、色彩的种类

1. 无彩色系

无彩色系（图6-1）是指白色、黑色和由白色黑色调和形成的各种深浅不同的灰色。无彩色按照一定的变化规律，可以排成一个系列，由白色渐变到浅灰、中灰、深灰到黑色，色度学上称此为黑白系列。黑白系列中由白到黑的变化，可以用一条垂直轴表示，一端为白，一端为黑，中间有各种过渡的灰色。纯白是理想的完全反射的物体，纯黑是理想的完全吸收的物体。可是在现实生活中并不存在纯白与纯黑的物体，颜料中采用的锌白和铅白只能接近纯白，煤黑只能接近纯黑。无彩色系的颜色只有一种基本性质——明度。它们不具备色相和纯度的性质，也就是说它们的色相与纯度在理论上都等于零。色彩的明度可用黑白度来表示，愈接近白色，明度愈高；愈接近黑色，明度愈低。黑与白作为颜料，可以调节物体色的反射率，使物体色提高明度或降低明度。

2. 有彩色系

有彩色系（图6-2）是指红、橙、黄、绿、青、蓝、紫等颜色。不同明度和纯度的红橙黄绿青蓝紫色调都属于有彩色系。有彩色是由光的波长和振幅决定

的，波长决定色相，振幅决定色调。

二、基本特性

有彩色系的颜色具有三个基本特性：色相、纯度（也称彩度、饱和度）、明度。在色彩学上也称为色彩的三大要素或色彩的三属性。

图6-1　无彩色系明度表

图6-2　CCS色相环

1. 色相

色相是有彩色的最大特征（图6-3）。所谓色相是指能够比较确切地表示某种颜色色别的名称。如玫瑰红、橘黄、柠檬黄、钴蓝、群青，从光学物理上讲，各种色相是由射入人眼的光线的光谱成分决定的。对于单色光来说，色相的面貌完全取决于该光线的波长；对于混合色光来说，则取决于各种波长光线的相对量。物体的颜色是由光源的光谱成分和物体表面反射（或透射）的特性决定的。

2. 纯度

色彩的纯度是指色彩的纯净程度（图6-4），它表示颜色中所含有色成分的比例。含有色彩成分的比例越大，则色彩的纯度越高，含有色成分的比例越小，则色彩的纯度也越低。可见光谱的各种单色光是最纯的颜色，为极限纯度。当一种颜色掺入黑、白或其他彩色时，纯度就产生变化。当掺入的色达到很大的比例时，在眼睛看来，原来的颜色将失去本来的光彩，而变成掺和的颜色了。当然这并不等于说在这种被掺和的颜色里已经不存在原来的色素，而是由于大量的掺入其他彩色而使得原来的色素被同化，人的眼睛已经无法感觉出来了。有色物体色彩的纯度与物体的表面结构有关。如果物体表面粗糙，其漫反射作用将使色彩的纯度降低；如果物体表面光滑，那么，全反射作用将使色彩比较鲜艳。

3. 明度

明度是指色彩的明亮程度（图6-5）。各种有色物体由于它们的反射光量的区别而产生颜色的明暗强弱。色彩的明度有两种情况：一是同一色相不同明度。如同一颜色在强光照射下显得明亮，弱光照射下显得较灰暗模糊；同一颜色加黑或加白掺和以后也能产生各种不同的明暗层次。二是各种颜色的不同明度。每一种纯色都有与其相应的明度。黄色明度最高，蓝紫色明度最低，红、绿色为中间明度。色彩的明度变化往往会影响到纯度，如红色加入黑色以后明度降低了，同时纯度也降低了；如果红色加白则明度提高了，纯度却降低了。

有彩色的色相、纯度和明度三特征是不可分割的，应用时必须同时考虑这三个因素。

图6-3　色相圈

图6-4　色彩纯度卡

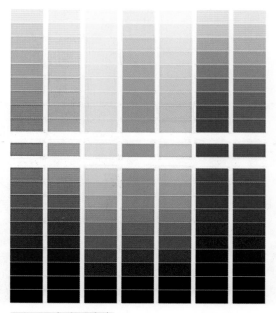

图6-5　色彩明度表

主体色彩，主体色彩是决定画面色调走向的主要色彩，它可能是画面面积最大的一块色彩，也可能是画面纯度最高、最引人注目的一块色彩。主体色的主要性体现在画面其他色彩都要以它为中心而展开，依据主体色的纯度、明度调整自身的色彩，共同形成统一和谐的画面色调。

第二节　色彩感觉

色彩给人的感觉有冷暖，兴奋与沉静感，膨胀与收缩感。色彩的冷暖感被称为色性。红、黄、橙等色相给人的视觉刺激强，使人联想到暖烘烘的太阳、火光，感到温暖，所以称为暖色。青色、蓝色使人联想到天空、河流、阴天，感到寒冷，所以称为冷色。凡明度高、纯度高的色调又属偏红、橙的暖色系，均有兴奋感。凡明度低、纯度低，又属偏蓝、青的冷色系，具有沉静感。同一面积、同一背景的物体，由于色彩不同，给人造成大小不同的视觉效果。凡色彩明度高的，看起来面积大些（图6-6），有膨胀的感觉。凡明度低的色彩看起来面积小些（图6-7），有收缩的感觉。

一、不同颜色给人的感觉

（1）红色，强有力，喜庆的色彩。具有刺激效果，容易使人产生冲动，是一种雄壮的精神体现，愤怒，热情，活力的感觉。

（2）橙色，也是一种激奋的色彩，具有轻快，欢欣，热烈，温馨，时尚的效果。

（3）黄色，亮度最高，有温暖感，具有快乐、希望、智慧和轻快的个性，给人灿烂辉煌感觉。

图6-6　色彩明度高的室内设计展示

图6-7　色彩明度低的室内设计展示

（4）绿色，介于冷暖色中间，显得和睦，宁静，健康，安全的感觉。和金黄、淡白搭配，产生优雅，舒适的气氛。

（5）蓝色，永恒、博大，最具凉爽、清新，专业的色彩。和白色混合，能体现柔顺，淡雅，浪漫的气氛，给人感觉平静、理智。

（6）紫色，给人神秘、压迫的感觉。

（7）黑色，具有深沉，神秘，寂静，悲哀，压抑的感受。

（8）白色，具有洁白，明快，纯真，清洁的感受。

（9）灰色，具有中庸，平凡，温和，谦让，中立和高雅的感觉。

（10）黑、白色，不同时候给人不同的感觉，黑色有时感觉沉默、虚空，有时感觉庄严肃穆。白色有时感觉无尽希望，有时却感觉恐惧和悲哀。

二、色彩表现特征

1. 红色

红色的波长最长，穿透力强，感知度高。它易使人联想起太阳、火焰、热血、花卉等，感觉温暖、兴奋、活泼、热情、积极、希望、忠诚、健康、充实、饱满、幸福等向上的倾向，但有时也被认为是幼稚、原始、暴力、危险、卑俗的象征。红色历来是我国传统的喜庆色彩。深红及带紫味的红给人感觉是庄严、稳重而又热情的色彩，常见于欢迎贵宾的场合。含白的高明度粉红色，则有柔美、甜蜜、梦幻、愉快、幸福、温雅的

感觉，几乎成为女性的专用色彩（图6-8）。

2. 橙色

橙与红同属暖色，具有红与黄之间的色性，它使人联想起火焰、灯光、霞光、水果等物象，是最温暖、响亮的色彩。感觉活泼、华丽、辉煌、跃动、炽热、温情、甜蜜、愉快、幸福等，但也有疑惑、嫉妒、伪诈等消极倾向性表情。含灰的橙成咖啡色，含白的橙成浅橙色，俗称血牙色，与橙色本身都是常用的甜美色彩，也是众多消费者特别是妇女，儿童，青年喜爱的色彩（图6-9）。

3. 黄色

黄色是所有色相中明度最高的色彩，具有轻快、光辉、透明、活泼、光明、辉煌、希望、功名、健康等印象（图6-10）。但黄色过于明亮而显得刺眼，并且与其他色相混极易失去其原貌，故也有轻薄、不稳定、变化无常、冷淡等不良含义。含白的淡黄色感觉平和、温柔，含大量淡灰的米色或本白则是很好的休

图6-8　红色系室内设计展示

图6-9　橙色系室内设计展示

图6-10　黄色系室内设计展示

闲自然色,深黄色却另有一种高贵、庄严感。由于黄色极易使人想起许多水果的表皮,因此它能引起富有酸性的食欲感。黄色还被用作安全色,因为它极易被人发现,如室外作业的工作服。

4. 绿色

在大自然中,除了天空和江河、海洋,绿色所占的面积最大,草、叶植物,几乎到处可见,它象征生命、青春、和平、安详、新鲜等。绿色最适应人眼的注视,有消除疲劳、调节功能。黄绿带给人们春天的气息,颇受儿童及年轻人的欢迎(图6-11)。蓝绿、深绿是海洋、森林的色彩,有着深远、稳重、沉着、睿智等含义。含灰的绿,如土绿、橄榄绿、咸菜绿、墨绿等色彩,给人以成熟、老练、深沉的感觉,是人们广泛选用及军、警规定的服色。

5. 蓝色

与红、橙色相反,蓝色是典型的寒色,表示沉静、冷淡、理智、高深、透明等含义,随着人类对太空事业的不断开发,它又有了象征高科技的强烈现代感(图6-12)。浅蓝色系明朗而富有青春朝气,为年轻人所钟爱,但也有不够成熟的感觉。深蓝色系沉着、稳定,为中年人普遍喜爱的色彩。其中略带暧昧的群青色,充满着动人的深邃魅力,藏青则给人以大度、庄重印象。靛蓝、普蓝因在民间广泛应用,似乎成了民族特色的象征。当然,蓝色也有其另一面的性格,如刻板、冷漠、悲哀、恐惧等。

6. 紫色

具有神秘、高贵、优美、庄重、奢华等的气质,有时也给人孤寂、消极之感。尤其是较暗或含深灰的紫,易给人以不祥、腐朽、死亡的印象。但含浅灰的红紫或蓝紫色,却有着类似太空、宇宙色彩的幽雅、神秘之时代感,为现代生活所广泛采用(图6-13)。

7. 黑色

黑色为无色相无纯度之色。往往给人感觉沉静、神秘、严肃、庄重、含蓄,另外,也易让人产生悲哀、恐怖、不祥、沉默、消亡、罪恶等消极印象。尽管如此,黑色的组合适应性却极广,无论什么色彩特别是鲜艳的纯色与其相配。都能取得赏心悦目的良好效果(图6-14)。但是不能大面积使用,否则,不但

图6-11　绿色系室内设计展示

图6-12　蓝色系室内设计展示

图6-13　紫色系室内设计展示

图6-14　黑色系室内设计展示

其魅力大大减弱，相反会产生压抑、阴沉的恐怖感。

8. 白色

白色给人洁净、光明、纯真、清白、朴素、卫生、恬静等印象。在它的衬托下，其他色彩会显得更鲜亮、明朗。多用白色还可能产生平淡无味的单调、空虚之感（图6-15）。

9. 灰色

灰色是中性色，其突出的性格为柔和、细致、平稳、朴素、大方，它不像黑色与白色那样会明显影响其他的色彩。因此，作为背景色彩非常理想。任何色彩都可以和灰色相混合，略有色相感的含灰色能给人以高雅、细腻、含蓄、稳重、精致、文明而有素养的高档感觉（图6-16）。当然滥用灰色也易暴露其乏味、寂寞、忧郁、无激情、无兴趣的一面。

10. 土褐色

含一定灰色的中、低明度各种色彩，如土红、土绿、熟褐、生褐、土黄、咖啡、古铜、驼绒、茶褐等色，性格都显得不太强烈，其亲和性易与其他色彩配合，特别是和鲜色相伴，效果更佳。也使人想起金秋的收获季节，故均有成熟、谦让、丰富、随和之感（图6-17）。

11. 光泽色

除了金、银等贵金属色以外，所有色彩带上光泽后，都有其华美的特色。金色富丽堂皇，象征荣华富贵，名誉忠诚；银色雅致高贵，象征纯洁、信仰，比金色温和。它们与其他色彩都能配合。几乎达到"万能"的程度。小面积点缀，具有醒目、提神作用，大面积使用则会产生过于炫目的负面影响，显得浮华而失去稳重感。如若巧妙使用、装饰得当，不但能起到画龙点睛作用，还可产生强烈的高科技现代美感（图6-18）。

三、色彩视觉

1. 色彩的冷、暖感

色彩本身并无冷暖的温度差别，是视觉色彩引起人们对冷暖感觉的心理联想。

暖色：人们见到红、红橙、橙、黄橙、红紫等色

图6-15　白色系室内设计展示

图6-16　灰色系室内设计展示

图6-17　土褐色系室内设计展示

图6-18　光泽色系室内设计展示

后，马上联想到太阳、火焰、热血等物象，产生温暖、热烈、危险等感觉。

冷色：人们见到蓝、蓝紫、蓝绿等色后，则很易联想到太空、冰雪、海洋等物象，产生寒冷、理智、平静等感觉（图6-19）。

色彩的冷暖感觉，不仅表现在固定的色相上，而且在比较中还会显示其相对的倾向性。中性色：绿色和紫色是中性色。黄绿、蓝、蓝绿等色，使人联想到草、树等植物，产生青春、生命、和平等感觉。紫、蓝紫等色使人联想到花卉、水晶等稀贵物品，故易产生高贵、神秘感觉。至于黄色，一般被认为是暖色，因为它使人联想起阳光、光明等，但也有人视它为中性色，当然，同属黄色相，柠檬黄显然偏冷，而中黄则感觉偏暖。

2. 色彩的轻、重感

这主要与色彩的明度有关。明度高的色彩使人联想到蓝天、白云、彩霞及许多花卉还有棉花，羊毛等，产生轻柔、飘浮、上升、敏捷、灵活等感觉。明度低的色彩易使人联想钢铁、大理石等物品，产生沉重、稳定、降落等感觉。

3. 色彩的软、硬感

其感觉主要也来自色彩的明度，但与纯度亦有一定的关系。明度越高感觉越软，明度越低则感觉越硬。明度高、纯度低的色彩有软感，中纯度的色也呈柔感，因为它们易使人联想起骆驼、狐狸、猫、狗等好多动物的皮毛，还有毛呢，绒织物等。高纯度和低纯度的色彩都呈硬感，如它们明度又低则硬感更明显（图6-20）。色相与色彩的软、硬感几乎无关。

4. 色彩的前、后感

由各种不同波长的色彩在人眼视网膜上的成像有前后，红、橙等光波长的色在后面成像，感觉比较迫近，蓝、紫等光波短的色则在外侧成像，在同样距离内感觉就比较后退。实际上这是视错觉的一种现象，一般暖色、纯色、高明度色、强烈对比色、大面积色、集中色等有前进感觉，相反，冷色、浊色、低明度色、弱对比色、小面积色、分散色等有后退感觉。

图6-19　冷色系室内设计展示

图6-20　硬感式室内设计展示

5. 色彩的大、小感

由于色彩有前后的感觉，因而暖色、高明度色等有扩大、膨胀感，冷色、低明度色等有显小、收缩感。

6. 色彩的华丽、质朴感

色彩的三要素对华丽及质朴感都有影响，其中纯度关系最大。明度高、纯度高的色彩，丰富、强对比，色彩感觉华丽、辉煌。明度低、纯度低的色彩，单纯、弱对比的色彩感觉质朴、典雅。但无论何种色彩，如果带上光泽，都能获得华丽的效果。

7. 色彩的活泼、庄重感

暖色、高纯度色、丰富多彩色、强对比色感觉跳跃、活泼有朝气，冷色、低纯度色、低明度色感觉庄重、严肃。

8. 色彩的兴奋与沉静感

其影响最明显的是色相，红、橙、黄等鲜艳而明亮的色彩给人以兴奋感，蓝、蓝绿、蓝紫等色使人感到沉着、平静。绿和紫为中性色，没有这种感觉。纯度的关系也很大，高纯度色给人兴奋感，低纯度色给人沉静感。

9. 颜色搭配原则

冷色+冷色；暖色+暖色；冷色+中间色；暖色+中间色；中间色+中间色；纯色+纯色；净色（纯色）+杂色；纯色+图案。

第三节　配色与色调

所谓配色，简单来说就是将颜色摆在适当的位置，做一个最好的安排。色彩是通过人的印象或者联想来产生生理上的影响，而配色的作用就是通过改变空间的舒适程度和环境气氛来满足消费者的各方面的要求（图6-21）。

一、配色的意义与联想

配色就是在红、黄、蓝三种基本颜色基础上，配出令人喜爱、符合色卡色差要求、经济并在加工、使用中不变色的色彩。通常几种颜色搭配产生的视觉效果：

· 红色+白色+粉红色→青春动感

· 灰色+红色→动人魅力

· 黄色+橙色→阳光暖意

· 蓝色+紫色→梦幻组合

· 蓝色+紫色+对应色橙→清新悠闲

二、配色原理

颜色的种类非常多，不同的颜色会给人不同的感觉。红，橙，黄让人感到温暖和欢乐，因此称为"暖色"（图6-22）；蓝，绿，紫让人感到安静和清新，因

图6-21　室内设计配色展示

图6-22　暖色系室内设计

图6-23　冷色系室内设计

此称为"冷色"（图6-23）。颜色可以互相混合，将不同的原来颜色混合，产生不同的新颜色，混合方法分为以下几种。

（1）颜色色光的相加混合；

（2）颜色色料混合；

（3）颜色色料的相减混合，颜色色光混合。

颜色色料混合一般应用红，黄，蓝三种颜色色料互相混合。红色即是可让红色波长透过，吸收绿色及其附近的颜色波长，令人感受到红色。黄色，蓝色也是同样道理。当黄，蓝混合时，黄色颜料吸收短的波段，蓝色颜料吸收长的波段，剩下中间绿色波段透过，令人们感受到绿色；同样，红，黄混合时剩下560纳米以上较长的波段透过而成为橙色。红，蓝色混合一起，成为紫色。以红，黄，蓝为原色，两种原色相拼而成的颜色称为间色，分别有橙，绿，紫；由两种间色相拼而成的称为复色，分别有橄榄，蓝灰，棕色。此外，原色或间色亦可混入白色和黑色调出深浅不同的颜色。在原色或间色加入白色便可配出浅红，粉红，浅蓝，湖蓝等颜色；若加入不同分量的黑色，便可配出棕，深棕，黑绿等不同颜色。

三、色彩搭配的配色原则

1. 色调配色

指具有某种相同性质（冷暖调，明度，艳度）的色彩搭配在一起（图6-24），色相越全越好，最少也要三种色相以上。比如，同等明度的红，黄，蓝搭配在一起。大自然的彩虹就是很好的色调配色。

图6-24　色调配色室内设计

图6-25　对比配色室内设计

图6-26　蓝色系室内设计

2. 近似配色

选择相邻或相近的色相进行搭配。这种配色因为含有三原色中某一共同的颜色，所以很协调。因为色相接近，所以也比较稳定，如果是单一色相的浓淡搭配则称为同色系配色。出彩搭配：紫配绿，紫配橙，绿配橙。

3. 渐进配色

按色相、明度、艳度三要素之一的程度高低依次排列颜色。特点是即使色调沉稳，也很醒目，尤其是色相和明度的渐进配色。彩虹既是色调配色，也属于渐进配色。

4. 对比配色

用色相、明度或艳度的反差进行搭配，有鲜明的强弱（图6-25）。其中，明度的对比给人明快清晰的印象，可以说只要有明度上的对比，配色就不会太失败。比如，红配绿，黄配紫，蓝配橙。

5. 单重点配色

让两种颜色形成面积的大反差。"万绿丛中一点红"就是一种单重点配色。其实，单重点配色也是一种对比，相当于一种颜色做底色，另一种颜色做图形。

6. 分隔式配色

如果两种颜色比较接近，看上去不分明，可以靠对比色加在这两种颜色之间，增加强度，整体效果就会很协调了。最简单的加入色是无色系的颜色和米色等中性色。

7. 夜配色

严格来讲这不算是真正的配色技巧，但很有用。高明度或鲜亮的冷色与低明度的暖色配在一起，称为夜配色或影配色。它的特点是神秘、遥远，充满异国情调、民族风情（图6-26）。

第四节　住宅空间配色方法

色彩是富有感情且充满变化的。大胆选用喜爱的颜色来打破一成不变的白色调，就能使住宅空间出色动人［图6-27（a）］。色彩搭配的好坏，对于房间的整体风格有很大的影响。

在房间的布色中要有几个重点，如墙面、地面、天花板等面积比较大的地方，要用浅色调做底色。特别是天花板，如果选用较重的颜色会给人屋顶很低的感觉。住宅空间的装饰品、挂饰等面积小的物品可用与墙面、地面、天花板的色调对比的颜色，显得鲜艳，充满生气。在装饰品的选择上应尽量体现主人的个性。整个房间的基调是由家具、窗帘、床单等组成的，色调可与墙面形成对比［图6-27（b）］。色彩是相对而言的，因此并没有十分精确的标准，但都要与家中整体风格相一致。

一、居室色彩搭配方法

1. 轻快玲珑色调

中心色为黄、橙色。地毯橙色，窗帘、床罩用黄白印花布，沙发、天花板用灰色调，加一些绿色植物衬托，气氛别致。

2. 轻柔浪漫色调

中心色为柔和的粉红色。地毯、灯罩、窗帘用红加白色调，家具白色，房间局部点缀淡蓝、有浪漫气氛。

3. 典雅靓丽色调

中心色为粉红色。沙发、灯罩粉红色，窗帘、靠垫用粉红印花布，地板淡茶色，墙壁奶白色（图6-28），此色调适合少妇和女孩。

(a)　　　　　　　　　　　　　　　　(b)

图6-27　住宅空间配色展示

4. 典雅优美色调

中心色为玫瑰色和淡紫色，地毯用浅玫瑰色，沙发用比地毯浓一些的玫瑰色，窗帘可选淡紫印花的，灯罩和灯杆用玫瑰色或紫色，放一些绿色的靠垫和盆栽植物点缀，墙和家具用灰白色，可取得雅致优美的效果。

5. 华丽清新色调

中心色为酒红色、蓝色和金色，沙发用酒红色，地毯为暗土红色，墙面用明亮的米色，局部点缀金色，镀金的壁灯，再加一些蓝色作为辅助，即成华丽清新格调。

二、住宅装修色彩技巧

1. 根据职业特点作出选择

不同颜色进入人的眼帘，刺激大脑皮层，使人产生冷、热、深、浅、明、暗的感觉，产生安静、兴奋、紧张、轻松的情绪效应。利用这种情绪效应调节"兴奋灶"，可以减少或消除职业性疲劳。住宅色彩最好选择绿色或蓝色（图6-29），使视神经从"热"感觉过渡到"冷"视野。

2. 根据房屋面积和家具作出选择

一般小型化结构的住宅以单色为宜，采用较明亮的色彩，如浅黄、奶黄，以增加住宅的开阔感（图6-30），利用住宅色彩衬托您的家具使住宅或显朴素大方或显庄重高雅。

3. 根据住宅环境进行选择

如果住宅周围建筑物有红砖墙或红色涂料墙的光线反射，住宅色彩就不宜用绿或蓝色，而宜用奶黄色。如果窗外有大片树木、绿地的绿色光线反射，墙面也宜用浅黄或米黄色。

图6-28 典雅靓丽色调居室设计

图6-29 蓝绿色住宅设计

图6-30 浅黄色住宅设计

三、居室色彩搭配原则

具有"阳光味"的黄色调会给人的心灵带来暖意（图6-31），向北或向东开窗的房间可尝试运用；看惯了统一的色调，不如采用活泼的色彩组合，粉红色配玫瑰白（图6-32），搭配同样色系组合的窗帘、沙发、靠垫，委婉而多情；冷灰色通常给人粗糙、生硬的印象。在宽敞而光线明媚的房间，大胆选用淡灰色（图6-33），反而会让白色床具和窗棂更为素净高雅。不过别忘了穿插一些讨人喜欢的颜色，一瓶鲜花，一组春意盎然的靠垫，使房间多了一分生机与活力；蓝色有镇静情绪的作用，非常适合富有理智感的人选择。但大面积的蓝色运用，反而会使房间显得狭小而黑暗，

穿插一些纯净的白色（图6-34），会让这种感觉有所缓和；灰绿色具有怀旧的个性。粗线条的运用显现出墙板本身的条纹与疤结，使怀旧的味道得以延伸；橙色系时时散发着水果的甜润，适合搭配柔软的家饰来强调这种自然的温馨。为使房间不过于轻浮，主人选择黑色的铁艺沙发、角柜，甚至门板与画框，在甜蜜的气氛中彰显成熟的个性。

四、住宅空间配色注意事项

空间配色不得超过三种，其中白色、黑色不算色；金色、银色可以与任何颜色相陪衬，金色不包括黄色，银色不包括灰白色；在没有设计师指导的情况下，家

图6-31　黄色调居室设计

图6-32　粉白色居室设计

图6-33　冷灰色居室设计

图6-34　蓝色居室设计

(a)

 (b)

图6-35 浅色系室内设计

居最佳配色灰度是：墙浅，地中，家私深；厨房不要使用暖色调，黄色色系除外；不要深绿色的地砖；坚决不要把不同材质但色系相同的材料放在一起，否则，您会有一半的机会犯错；想制造明快现代的家居味，那么您就不要选用那些印有大花小花的东西，植物除外，尽量使用素色的设计；天花板的颜色必须浅于墙面或与墙面同色。当墙面的颜色为深色时，天花板必须采用浅色。天花板的色系只能是白色或与墙面同色系（图6-35）；空间非封闭贯穿的，必须使用同一配色方案；不同的封闭空间，可以使用不同的配色方案；在一般的住宅空间设计中，都会将颜色限制在三种之内。当然，这不是绝对的，由于专业的住宅空间设计师熟悉更深层次的色彩关系，用色可能会超出三种，但一般只会超出一种或两种。

五、限制三种颜色的定义

三种颜色是指在同一个相对封闭空间内，包括天花、墙面、地面和家具的颜色。客厅和主人房可以有各成系统的不同配色，但如果客厅和餐厅是连在一起的则视为同一空间；白色、黑色、灰色、金色、银色不计算在三种颜色的限制之内。但金色和银色一般不能同时存在，在同一空间只能使用其中一种；图案类以其呈现色为准。办法是，眯着眼睛看即可看出其主

要色调。但如果一个大型图案的个别色块很大的话，同样得视为一种色。

六、居室色彩搭配的四大经典

色彩搭配是服装搭配的第一要素，家居装饰中也是如此。当考虑装扮爱家时，一开始就要有一个整体的配色方案，以此确定装修色调和家具以及家饰品的选择。

1. 蓝＋白＝浪漫温情

一般人在居家中，不太敢尝试过于大胆的颜色，认为还是使用白色比较安全。如果喜欢用白色，又怕把家里弄得像医院，不如用白＋蓝的配色，就像希腊的小岛上，所有的房子都是白色，但天空是淡蓝的，海水是深蓝的，把白色的清凉与无瑕表现出来，这样的白，令人感到十分的自由（图6-36），好像是属于大自然的一部分，令人心胸开阔，居家空间似乎像海天一色的大自然一样开阔自在。

2. 黑＋白＝现代简约

黑加白可以营造出强烈的视觉效果，而近年来流行的灰色融入其中，缓和黑与白的视觉冲突感觉（图6-37），从而营造出另外一种不同的风味。三种颜色搭配出来的空间中，充满冷调的现代与未来感。在这种色彩情境中，会由简单而产生出理性、秩序与专业感。

3. 蓝＋橙＝现代复古

以蓝色系与橙色系为主的色彩搭配，表现出现代与传统，古与今的交汇，碰撞出兼具超现实与复古风味的视觉感受。蓝色系与橙色系原本又属于强烈的对比色系，只是在双方的色度上有些变化，让这两种色彩能给予空间一种新的生命（图6-38）。

图6-36　蓝+白设计

图6-37　黑+白设计

图6-38　蓝+橙设计

思	1	色彩种类有哪些?
考	2	光泽色设计有什么特点?
题	3	红色系室内设计给人带来什么样的感觉?
	4	黄色可以和哪些颜色配合? 分别产生什么样的效果?
	5	浅色系室内设计适不适合使用光泽色? 为什么?

第七章

住宅家具设计

第一节　家具设计基础

第二节　家具布置方法

世界上每个民族，由于不同的自然条件和社会条件的制约必须形成自己独特的语言、习惯、道德、思维、价值和审美观念，从而形成民族特有的文化。在一个民族历史发展的不同阶段，该民族的家具设计会表现出明显的时代特征，这是因为家具设计首先是一个历史发展的过程，是该民族各个时期，设计文化的叠合及承接，是该时代的现象。

第一节　家具设计基础

时代性，家具设计的发展趋势在经济全球化，科技飞速发展的今天，社会主观形式都已发生了根本的改变，尤其是信息的广泛高速传播、开放的观念冲击着社会结构、价值观念与审美观念，国与国之间的交流、人与人之间的交往日趋频繁，人们从世界各地接受的信息今非昔比，社会及人的要求在不断增加和改变。加之工业的文明所带来的能源、环境和生态的危机，面对这一切设计师能否适应它、利用它，使得设计成为特定时代的产物，这已成为当今设计师的重要任务。

一、家具的历史

中国的历史悠久，家具的历史也非常悠久，夏、商、周时期已经开始有了箱、柜、屏风等家具，但早期的家具中没有桌子，只有供人们坐着办事、饮食与读书所依托的几案。汉代以前，古人席地而坐，穿着宽衣肥袖，形成了相应的悬肘提腕运笔的书写方式，长条形的几案是为了适合简册的展开和书写方便，背侧配置的书架以双面通透的空格形式构成，方便卷册的拿取，同时在几案前设置长排油灯为扇形的书卷提供照明之需，从而形成了中国古代特定的书写阅读方式。东汉纸张的发明，使得书写阅读方式发生了重大变化，汉代胡床的出现又改变了人们盘足席地而坐的习俗。唐代直至宋代，高座具的使用真正得到了普及。由于人们日常座具升高，以前盘足而坐改变成垂足而坐，就使原来使用的几案也相应升高，于是便出现了

家具的另一重要角色——桌。高桌、高几、高案纷纷出现，垂足而坐已成定局，中国人起居方式的大变革已告完成，真正的书桌随之出现。宋代皇帝重文，文学与艺术取得了辉煌的成就。宋代书画艺术的繁荣，也影响到家具的风格，例如重比例、善用线、求写实的画风造就了宋代家具结构简洁、比例优美、线条明快的特点。文房四宝等工艺品的进步及当时的收藏热促进了书房家具及摆设的艺术化和情趣化。元朝桌子设置了抽屉，抽屉作为储物之匣方便开取，在中国首次出现，随之产生了与现代书桌造型相近的带屉书桌。再经明清两代的不断完善和发展，中国传统的书房类家具由此形成了独特的风格特征。轻盈平整的纸张，完备齐全的文房四宝与书案书柜桌椅配置，形成一整套特有的"笔有笔架，墨有墨盒，写有书案，存有柜格抽屉"的书写阅读方式和中国书斋文化。

二、家具设计原则

当设计一件家具时，有四个主要的目标。这四个目标就是功能、舒适、耐久、美观。尽管这些对于家具制造行业来说是最基本的要求［图7-1（a）（b）］，然而他们却值得人们不断深入地研究。

1. 是否实用

一件家具的功能是相当重要的，它必须能够体现出本身存在的价值。假若是一把椅子，它就必须能够做到使人的臀部避免接触到地面。若是一张床，它一定可以让人坐在上面，也能够让人躺在上面。实用功

能的含义就是家具要包含通常可以接受的已被限定的目的。人们把太多的精力花费在家具的艺术装饰上［图7-2（a）（b）（c）（d）］。

2. 是否舒适

一件家具不仅要具备它应有的功能，而且还必须具有相当的舒适度。一块石头能够让人不坐在地面上，但是它既不舒服也不方便，然而椅子恰恰相反。要想一整晚能好好地躺在床上休息，床就必须具备足够的高度、强度与舒适度来保证这一点。一张咖啡桌的高度必须做到在端茶或咖啡给客人的时候相当便利，但是这样的高度对于就餐来说却又相当不舒服了。

3. 能否持久耐用

一件家具应该能够长久地被使用，然而每件家具的使用寿命也是不尽相同的，因为这个同它们的主要功用息息相关。例如，休闲椅与野外餐桌都是户外家具，它们并不被期望于能够长久耐用得，也不可能希望它们能世代相传。虽然耐久性经常被人们当作是质量的唯一体现，但实际上一件家具的质量跟设计中各个目标的完美体现都是息息相关的，它包括接下来就即将提及的另外一个目标：美观。假如椅子尽管做得十分耐久牢靠，但是外形丑陋或极不舒服，也不能称为高质量的椅子。在手工店铺里，制造的家具外形是否吸引人是一个分辨产品品牌的重要因素。通过一段努力训练，熟练工人可以懂得该如何去完成之前提及的三个目标。他们必须明白该如何让一件家具能够具备它应有的功能以及做到舒适与耐用。

4. 是否美观？

高品质家具应该实现四个目标，家具设计的四个目标之间是不断地相互紧密联系的，假若只是注重其中一个或者几个是制作不出高品质家具的。

三、家具造型功能

对家具的使用要求，包括实用性和审美性。实用性是指家具零、部件的组

（a）

（b）

图7-1　现代家具

(a)

(b)

（c）

(d)

图7-2 实用性家具展示

合、分布、强度和规格等满足人们的实际使用要求；审美性是指家具在保证实用的前提下，对其形体和表面进行美化处理以满足人们的审美情趣和心理要求（图7-3）。考虑物与人的直接和间接关系，对各类家具的功能有不同的要求。

1. 材料和工艺特性

材料是构成家具形体的物质基础。要在造型上取得良好的效果，必须熟悉各种材料的性能、特点、加工工艺及成型方法，才能设计出最能体现材料特性的家具造型（图7-4）。

2. 造型形象

体现功能、材料和加工工艺相结合的艺术形象。构成造型的基础是造型要素和形式法则。造型要素有形体法则、色彩法则、质感法则等。形体法则主要有

（a）

(b)

(c)

图7-3 精美家具展示

形体的组合、比例的运用、空间的处理、体量的协调、虚实的布局等（图7-5）；色彩法则主要有主色调的选择、色块的安排、色光的处理等（图7-6）；质感法则主要是材料质地和纹理的运用、反射和色泽的处理等（图7-7）。对有些装饰性强的家具还需考虑装饰法则，如装饰的题材选择、装饰的形式、装饰的布局等。形式法则是造型美学的基础，构成形式美的基本概念有统一与变化、对称与均衡（图7-8）、比例与尺度、视差、联想与比拟等。家具造型形象必须同所处环境和文化修养相适应，同所处时代和地域产生共鸣，这样的家具，才能唤起人们美的感受。

图7-4　家具造型展示

图7-5　形体法展示

图7-6　色彩法展示

图7-7　质感法展示

图7-8　形式法展示

第二节　家具布置方法

好的家具布置会给我们带来好心情，当我们看到自己喜欢的家居装修风格，心情也会跟着变好，要是自己不喜欢的，或者是低沉的装修风格，也会让自己的心情变得不好，这就是家居装饰带来的作用，掌握家居布置技巧，可以打造一个轻松愉快的住宅生活空间。

一、布置技巧

1. 对称平衡合理摆放

要将一些家居饰品组合在一起，使它成为室内装饰空间视觉焦点之一。对称平衡感很重要，旁边有大型家具时，排列的顺序应该由高到低陈列，以避免视觉上出现不协调感。或是保持两个饰品的重心一致，例如，将两个样式相同的灯具并列、两个色泽花样相同的抱枕并排，这样不但能制造和谐的韵律感，还能给人祥和温馨的感受。另外，摆放饰品时前小后大层次分明能突出每个饰品的特色，在视觉上就会感觉很舒服。

2. 布置家居饰品要结合居家整体风格

先找出大致的风格与色调，依照这个统一基调来布置就不易出错。例如，简约的家居设计，具有设计感的家居饰品就很适合整个空间的个性（图7-9）；如果是自然的乡村风格，就以自然风格的家居饰品为主（图7-10）。

3. 家居饰品不必全部摆放

一般人在布置时，常常会想要每一样都展示出来。但是摆放太多就失去了特色，这时，可先将家里的饰品分类，相同属性的放在一起，不用急着全部表现出来。分类后，就可依季节或节庆来更换布置，改变不同的居家心情。

4. 从小的家居饰品入手

摆饰、抱枕、桌巾、小挂饰等中小型饰品是最容易上手的布置单品［图7-11（a）］，布置入门者可以从这些先着手，再慢慢扩散到大型的家具陈设。小的家居饰品往往会成为视觉的焦点，更能体现主人的兴趣和爱好。

5. 家居布艺是重点

每一个季节都有不同颜色、图案的家居布艺，无论是色彩炫丽的印花布、还是华丽的丝绸、浪漫的蕾丝，只需要换不同风格的家居布艺，就可以变换出不

（a）

（b）

（c）

图7-9　简约型家居

图7-10　自然风格家具展示

图7-11　家居布艺展示

同的家居风格［图7-11（b）（c）（d）］，比换家具更经济、更容易完成。家饰布艺的色系要统一，使搭配更加和谐，增强居室的整体感。家居中硬的线条和冷色调，都可以用布艺来柔化。春天时，挑选清新的花朵图案，春意盎然；夏天时，选择清爽的水果或花草图案；秋、冬天，则可换上毛绒绒的抱枕，温暖过冬［图7-11（e）（f）］。

6. 花卉和绿色植物带来生气

要为居家带进大自然的气息，在家中摆一些花花草草是再简单不过的方法（图7-12），尤其是换季布置，花更是重要，不同的季节会有不同的花，可以营造出截然不同季节的空间情趣。

二、美学原则

1. 比例与尺度

比例是物与物的相比，表明各种相对面间的相对度量关系，在美学中，最经典的比例分配莫过于"黄金分割"了；尺度是物与人（或其他易识别的不变要素）之间相比，不需涉及具体尺寸，完全凭感觉上的印象来把握。比例是理性的、具体的，尺度是感性的、抽象的。如果没有特别的偏好，不妨就用1∶10的完美比例来画居室空间，这会是一个非常讨巧的办法。墙体、窗户的长宽比例也符合黄金分割。梯形棚架与长条桌的相似，在一定尺度上改善了空间距离，让窗外的景色仿佛近了许多。即使整个家居布置采用的是同一种比例，也要有所变化才好，不然就会显得过于刻板。

2. 稳定与技巧

稳定与轻巧几乎就是国人内心追求的写照，正统内敛、理性与感性兼容并蓄形成完美的生活方式。用这种心态来布置家居的话，与洛可可风格颇有不谋而合之处。以轻巧、自然、简洁流畅为特点，将曲线运用发挥得淋漓尽致的洛可可式家具，在近年的复古风中极为时尚。稳定是整体，轻巧是局部。在居住宅空间应用明快的色彩和纤巧的装饰，追求轻盈纤细的秀美。黄、绿、灰三色是客厅中的主要色彩。灰色向来给人稳重高雅的感觉，冲淡了灰的沉闷，而绿色中和了黄的耀眼，所有的布置都是为了最终形成稳定与轻巧的完美统一。家居布置得过重会让人觉得压抑、沉闷；过轻又会让人觉得轻浮、毛躁。要注意色彩的轻重结合，家具饰物的形状大小分配协调，整体布局的合理完善等问题。

3. 调和与对比

"对比"是美的构成形式之一，在家居布置中，对比手法的运用无处不在，可以涉及空间的各个角落，通过光线的明暗对比、色彩的冷暖对比、材料的质地对比、传统与现代的对比，使家居风格产生更多层次、更多样式的变化（图7-13），从而演绎出各种不同节奏的生活方式。调和则是将对比双方进行缓冲与融合的一种有效手段。黑色与白色在视觉上的强烈反差对比，体现出房间主人特立独行的风格，同时也增加了

（a）

（b）

图7-12　家居植物展示

空间中的趣味性；毛皮的华贵与纯棉的质朴是材料上的对比；长方形玻璃窗是形状、大小的对比。布置出这样一间居室，就是彰显个性的最佳途径（图7-14）。

4. 节奏与韵律

节奏与韵律是密不可分的统一体，是美感的共同语言，是创作和感受的关键。人称"建筑是凝固的音乐"，就是因为它们都是通过节奏与韵律的体现而造成美的感染力。成功的建筑总是以明确动人的节奏和韵律将无声的实体变为生动的语言和音乐，因而名扬于世。节奏与韵律是通过体量大小的区分、空间虚实的交替、构件排列的疏密、长短的变化、曲柔刚直的穿插等变化来实现的，具体手法有：连续式、渐变式、起伏式、交错式等。楼梯是居室中最能体现节奏与韵律的所在。或盘旋而上、或蜿蜒起伏、或柔媚动人、或刚直不阿，每一部楼梯都可以做成一曲乐章，在家居中轻歌曼舞。在整体居室中虽然可以采用不同的节奏和韵律，但同一个房间切忌使用两种以上的节奏，那会让人无所适从、心烦意乱。

5. 对称与均衡

对称是指以某一点为轴心，求得上下、左右的均衡（图7-15）。对称与均衡在一定程度上反映了处世哲学与中庸之道，因而在我国古典建筑中常常会运用到这种方式。现在居室装饰中人们往往在基本对称的基础上进行变化，造成局部不对称或对比，这也是一种审美原则。另有一种方法是打破对称，或缩小对称在住宅空间装饰的应用范围，使之产生一种有变化的对称美。面对庭院的落地大观景窗被匀称地划分成"格"，每一格中都是一幅风景。长方形的餐桌两边放着颜色相同，造型却截然不同的椅子、凳子，这是一种变化中的对称，在色彩和形式上达成视觉均衡。餐桌上的烛台和插花也是这种原则的体现。对称性的处理能充分满足人的稳定感，同时也具有一定的图案美感，但要尽量避免让人产生平淡甚至呆板的感觉。

6. 主从与重点

当主角和配角关系很明确时，心理也会安定下来。如果两者的关系模糊，便会令人无所适从，所以主从关系是家居布置中需要考虑的基本因素之一。在居室装饰中，视觉中心是极其重要的，人的注意范围一定要有一个中心点，这样才能造成主次分明的层次美感（图7-16），这个视觉中心就是布置上的重点。明确地表示出主从关系是很正统的布局方法；对某一部分的强调，可打破全局的单调感，使整个居室变得有朝气。但视觉中心有一个就足够了，就如一颗石子丢进平静的水面，产生一波一波的涟漪，自会惹人遐思。这间客厅的"石子"就是那个花枝招展、流光溢彩、独一无二的吊灯，如果多放一两盏的话，整体美感就会荡然无存。重点过多就会变成没有重点。配角的一切行为都是为了突出主角，切勿喧宾夺主。

7. 过渡与呼应

硬、软装修在色调、风格上的彼此和谐不难做到，难度在于如何让二者产生"联系"，这就需要运用"过渡"了。呼应属于均衡的形式美，是各种艺术常用的手法。在住宅空间设计中，过渡与呼应总是形影相伴的，具体到顶棚与地面、桌面与墙面、各种家具之间，

图7-13　对比式室内设计

图7-14　调和式室内设计

（a）

（b）

（c）

图7-15　对称式设计

图7-16　层次分明的室内设计

图7-17　过渡自然的室内设计

形体与色彩层次过渡自然、巧妙呼应的话（图7-17），往往能取得意想不到的效果。吊灯与落地灯遥相呼应，都采用看似随意的曲线，这种亲近自然的舒适感，最适合用于硬冷的物体之上；茶几上的鲜花随形就势给视觉一个过渡，使整个空间变得和谐。整体上将结构的力度和装饰的美感巧妙地结合起来，色彩和光影上的连接和过渡非常流畅、自然。"过渡与呼应"可以增加居室的丰富美感，但不宜太多或过分复杂，否则会给人造成杂乱无章及过于繁琐的感觉。

8. 比拟与联想

比拟是一种文学上的说法，在形式美学当中，它与联想密不可分。所谓联想，是指人们根据事物之间的某种联系由此及彼的心理思维过程。联想是联系眼前的事物与以往曾接触过的相似、相反或相关的事物之间的纽带和桥梁，它可以使人思路更开阔、视野更广远，从而引发审美情趣。联想的内容都是已知的、客观存在的，运用比拟手法，通过联想使抽象的意识活动与具体形象相结合。例如一间卧室，选用红色色调的布艺，再加上茂盛的绿色盆栽、立在窗边的长颈鹿摆饰，置身其中难免会从色彩、布景中产生热情洋溢、活力四射的非洲印象。运用这种原则布置家居时，一定要注意比拟与联想从来都不是天马行空式的胡思乱想。

9. 统一与变化

家居布置在整体设计上应遵循"寓多样于统一"的形式美原则，根据大小、色彩、位置使之与家具构成一个整体，成为住宅空间一景，营造出自然和谐、极具生命力的"统一与变化"；家具要有统一的艺术风格和整体韵味，最好成套定制或尽量挑选颜色、式样格调较为一致的，加上人文融合，进一步提升居住环境的品位。不同的空间应选用不同的色彩基调。黄色有助于人的食欲，所以将它定为餐厅的主色（图7-18）；墙上那幅青绿色的装饰画，是整体色调中的变数，然而却非常和谐；桌面、墙面、隔断采用相同花纹、相同材质，于统一中见变化的是纹理方向的不同。在家居布置的初始就应该有一个完整的计划和构思，这样才不会在进行过程中出现纰漏；在购买新家具时，应尽量与原有家具般配（图7-19）。

10. 单纯风格

家居风格的成因是综合而复杂的，有意识形态的、有物质条件的、有传统的、有地域物产的，还有居住者个人的经历、才能及偏好和外来的影响等因素。无论成因如何，首先要考虑好居室的基本风格，一旦建立起一种气氛，一种风格，一种角度，那么就可以仔细地构建自己的风格，并且逐渐获得自信。人若单纯会让人感动，让人留恋。用在家居上，是一种返璞归真，一种洁净，一种清极而郁的芬芳。以原木为基调的卧室，素雅的布艺和生机盎然的绿色植物，不知不觉让人爱上它的纯净、它的境界、它的风平浪静 [图7-20（a）]。或许在人们的潜意识里，生活潮流总是希望有一种单纯的气质。虽然说要避免千篇一律，但太多的物品、太多的图案会使人感到凌乱，给人浮躁的感觉。所以要记住，只选择自己最喜欢的、品质最高最棒的几样就好。铁艺家具崇尚简洁美观。冰冷的铁在艺术家溢满情趣的手中变成了一款款各具风格的家居用品 [图7-20（b）（c）]。造型美观的铁艺床能给人展现一种静态的美感，"冷"的外表中透射出一种生机和活力。

图7-18 寓多样于统一的室内设计

图7-19 于统一见变化的室内设计

黄金分割法：黄金分割具有严格的比例性、艺术性、和谐性，蕴藏着丰富的美学价值，这一比值能够引起人们的美感，被认为是建筑和艺术中最理想的比例。中国也有黄金分割的相关记载，虽然没有古希腊的早，但中国的算法是由中国古代数学家自己独立创造的，后传入了印度。黄金分割在文艺复兴前后，经过阿拉伯人传入欧洲。经考证，欧洲的比例算法是源于中国而不是直接从古希腊传入的。

（a） （b）

（c）

图7-20 单纯风格设计

	1	家具的设计原则有哪些？
思	2	家具的布置技巧有哪些？
考	3	黄金分割法的内容是什么？
题	4	布艺沙发与皮质沙发分别给人什么样的感觉？
	5	家具在室内设计中能起到哪些作用？

绿化与软装配饰

第八章

8

住宅空间绿化可以增加住宅空间的自然气氛，是住宅空间装饰美化的重要手段。世界上许多国家对住宅空间绿化都很重视，不少公共场所、私人住宅、办公室、旅馆、餐厅内部空间都布置花木。从20世纪60年代起，中国一些城市如广州、桂林、南宁的公共建筑，开始进行住宅空间绿化。广州矿泉别墅、文化公园都有住宅空间花园设施。住宅空间绿化的首要条件是住宅空间有充足的光照。一般利用窗的侧射光或透过玻璃顶棚的直射光。但也可利用发光装置，增加光照强度并延长光照时间。因此，住宅空间绿化几乎不受空间位置的限制。

第一节　绿化布置

随着环保、节能、低碳和可持续发展意识的日益普及，人们对"绿色"的渴求已迅速渗透到各个领域，发展与人们的生活密切相关的绿色住宅空间环境更是其重要内容之一。于是，绿色设计便被提到待解决的议题上来。不少设计师转向更深层次上探索住宅空间设计与人类可持续发展的关系，力图通过设计活动，在"人—社会—环境"之间建立起一种协调发展的机制。这种尝试性的设计创新，标志着住宅空间设计发展的一次重大转变，于是"绿色设计"的概念应运而生，成为当今住宅空间设计发展的主要趋势之一。

一、绿化的概念

绿色设计从本质上来讲是宏观的战略概念。绿色住宅空间设计是指能给人们提供一个环保、节能、安全、健康、方便、舒适的住宅空间生活空间的设计，如住宅空间布局、空间尺度、装饰材科、照明条件、色彩配置等都可以满足居住者生理、心理、卫生等方面的要求，并且能充分利用能源、极大减少污染等。"绿色设计"，其核心就是符合生态环境良性循环的设计系统。住宅空间设计仅作为微观的绿色设计之一，如何才能做到真正的"绿色住宅空间"，不是简单地使用环保的材料、用点所谓的"绿色建材"就能达到的，它涉及设计的理念和思想、住宅空间与气氛的营造、各种材料的选择及搭配、通风和温控、采光与照明等

多方面的因素。

在住宅空间环境中尽量采用自然光源，合理地考虑住宅空间环境的通风和温控，尽量利用小环境中的自然物理环境，同时处理不同光环境下的住宅空间，根据人的不同活动方式和生活习惯，有针对性进行采光和照明设计。尽量减少大面积隔断，这样一来既节约了成本又增加了住宅空间，且住宅空间的通风更好，增加住宅空间的清新空气（图8-1）。

色彩的搭配要合理，不同的色彩搭配能产生不同的空间氛围，给人不一样的愉悦感，不要使人产生烦燥、疲劳等感觉，色彩运用的主次要分明，不要使人眼花缭乱。

二、绿化实施的原则

住宅空间"绿色设计"有别于以往形形色色的各种设计思潮，更不同于以"人"的需求为目的而凌驾于环境之上的传统住宅空间设计理念和模式。其设计原则可遵循以下三点。

1. 提倡适度消费原则

在商品经济中，通过住宅空间装饰而创造的人工环境是一种消费，而且是人类居住消费中的重要内容。尽管住宅空间"绿色设计"把创造舒适优美的人居环境作为目标，但与以往不同的是，住宅空间"绿色设计"倡导适度消费思想。倡导节约型的生活方式（图

8-2），不赞成住宅空间装饰中的豪华和奢侈铺张。这体现了一种新的生态观、文化观和价值观。

2. 注重生态美学原则

生态美学是美学的一个新发展，其在传统审美内容中增加了生态因素。生态美学是一种和谐有机的美。在住宅空间环境创造中，它强调自然生态美，欣赏质朴、简洁而不刻意雕琢（图8-3）；它同时强调人类在遵循生态规律和美的法则前提下，运用科技手段加工改造自然，创造人工生态美，它欣赏人工创造出的住宅空间绿色景观与自然的融合，它所带给人们的不是一时的视觉震撼而是持久的精神愉悦。因此，生态美更是一种意境层次的美。

3. 倡导节约和循环利用

住宅空间"绿色设计"强调在住宅空间环境的建造、使用和更新过程中，对常规能源与不可再生资源的节约和回收利用，对可再生资源也要尽量低消耗使用。在住宅空间生态设计中实行资源的循环利用，这是现代建筑能得以持续发展的基本手段，也是住宅空间"绿色设计"的基本特征。

三、住宅空间绿化的功能及作用

住宅空间设计的基本目的一方面要达到使用功能，合理提高住宅空间环境的物质水准，美化住宅空间环

（a）

（b）

图8-1　室内的绿化设计

境；另一方面又有净化空气和调节住宅空间小气候陶冶情趣的作用，使人从精神上得到满足，提高住宅空间的生理和心理环境质量（图8-4）。住宅空间绿化是达到住宅空间设计基本目的重要手段，其功能作用表现在以下几个方面。

1. 分隔空间的作用

空间的分隔与联系是住宅空间设计的重要内容。以绿化分隔空间的范围是十分广泛的，如在两厅室之间、厅室与走道之间以及在某些大的厅住宅空间需要分隔成小空间［图8-5（a）］，此外在某些空间或场地的交界线，如住宅空间外之间、住宅空间地坪高差交

图8-2　适度消费原则的设计

- 熟记重点 -

布局构思：住宅空间绿化可与室外绿化相互渗透，如利用窗台进行攀缘绿化，或摆设盆景。住宅空间绿化的形式很多，如在博古架上摆设盆花盆景；以透空隔扇栽种攀缘植物来分隔空间；以垂吊植物装饰墙面或顶棚等。住宅空间绿化，不仅种植树木和花草，而且可以设置山石、水池、喷泉及其他园林建筑小品，构建具有园林的意境。

界处等，都可用绿化进行分隔［图8-5（b）］。某些有空间分隔作用的围栏，如柱廊之间的围栏、临水建筑的防护栏、多层围廊的围栏等，也均可以结合绿化加以分隔。对于重要的部位，如正对出入口，起到屏风作用的绿化，还须作重点处理，分隔的方式大都采用地面分隔方式，如有条件，也可采用悬垂植物由上而下进行空间分隔。

（a）

（b）

图8-3　生态美学原则的设计

（a）

（b）

（c）

图8-4　住宅空间绿化

（a）

（b）

（c）

图8-5　分隔空间绿化

2. 联系引导空间的作用

联系住宅空间外的方法是很多的。如通过铺地由室外延伸到住宅空间，或利用墙面、天棚或踏步的延伸，也都可以起到联系的作用。但是相比之下，都没有利用绿化更鲜明、更亲切、更自然、更惹人注目和喜爱［图8-5（c）］。绿化在住宅空间的连续布置，从一个空间延伸到另一个空间，特别在空间的转折、过渡、改变方向之处，更能发挥出整体效果。绿化布置的连续和延伸，如果有意识地强化其突出、醒目的效果，那么，通过视线的吸引，就起到了暗示和引导作用。方法一致，作用各异，在设计时应予以细心区别。

3. 突出空间的重点作用

在大门入口处、楼梯进出口处、交通中心或转折处、走道尽端等（图8-6、图8-7），既是交通的关节点，也是空间中的起始点、转折点、中心点、终结点等的重要视觉中心位置，是必须引起人们注意的位置，因此，常放置特别醒目的、更富有装饰效果的甚至名贵的植物或花卉，以起到强化空间、突出重点的作用。布置在交通中心或尽端靠墙位置的，也常成为厅室的趣味中心而加以特别装点。这里应说明的是，位于交通路线的一切陈设，包括绿化在内，必须不得妨碍交通以及紧急疏散时不致成为绊脚石，并按空间大小形状选择相应的植物。如放在狭窄的过道边的植物，不宜选择低矮、枝叶向外扩展的植物，否则，既妨碍交通又会损伤植物，因此应选择与空间更为协调的修长植物。

4. 装饰美化居室的作用

根据住宅空间环境状况进行绿色植物布置，这种布置所充当的是桥梁作用，它将个别的、局部的装饰组织起来，以取得总体的美化效果。经过植物布置，住宅空间装饰将更为生动（图8-8）。居室中的色彩常常左右着人们对环境的感受，倘若住宅空间没有枝叶花卉的自然色彩，即使地面、墙壁和家具的色泽再漂亮，仍然缺乏生机。所以，观叶植物对住宅空间的绿化装饰作用不可低估。

5. 改善住宅空间生活环境的作用

住宅空间观叶植物枝叶有滞留尘埃、吸收生活废气、释放和补充对人体有益的氧气、减轻噪声等作用。

同时，现代建筑装饰采用的涂料多数对人体有害，而住宅空间观叶植物具有较强的吸收和吸附这种有害物质的能力，可减轻人为造成的环境污染。

图8-6　走廊空间绿化

图8-7　走道空间绿化

(a)

(b)

(c)

(d)

图8-8　美化居室的绿化

四、绿色住宅空间设计的手法

将室外的元素引入到住宅空间，使住宅空间更加自然化；尽可能将阳光引入住宅空间，发挥阳光杀菌抗霉的作用，同时也节约了能源；在住宅空间设计中运用自然造型艺术，即有生命的造型艺术：住宅空间绿化盆栽、盆景、鲜花等［图8-9（a）（b）］，在卧室应尽可能少摆些绿色植物，因为有些植物夜间排出的气体含有有害成分，严重影响健康。避免居室用光不当而造成不良的视觉刺激，强烈的眩光同样会造成光污染。也可以用绘画、书法等艺术手段在住宅空间创造出山水、自然景观，如风景壁画、植物花卉、云天水色、墨宝匾额、油画水彩等，既有把大自然引进住宅空间的效果，又产生浓郁的诗情画意，增加了住宅

空间艺术氛围［图8-9（c）］。在住宅空间设计中强调自然材质肌理的应用，让使用者感知自然材质，回归乡土和自然。设计师对表层选材和处理十分重视，强调素材的肌理，并暗示其功能性来形成一种突破，大胆地原封不动地露出水泥表面、木材或大理石质地、金属等材质［图8-9（d）（e）］，刻意显示装饰素材的肌理和本来面目。节能问题始终是个重要的课题，回顾历史，从漫长的历史长河中惊奇地发现可以借鉴传统建筑的构建方式来探索解决能源问题，如"黄土窑洞"的穴居形式、"构木为巢"的巢居形式等将再度成为住宅空间以及建筑设计的研究和设计方向。

环保设计的另一个方面就是色彩的搭配和组合［图8-9（f）］，恰当的颜色选用和搭配可以起到健康和装饰的双重功效。

(a)

(b)

(c)

(d)

(e)

(f)

图8-9　绿色住宅空间设计

第二节　软装配饰

　　软装是住宅空间设计不可分割的重要组成部分。软装的作用在于装饰性、点缀性以及一定的功能性（图8-10）。

　　家居软装设计在视觉上将数学与美学相结合可谓是常用的手法之一，若用繁杂的手法表现会物极而反，给人夸张的不踏实感；若单纯地删繁就简，又充满了刻板守旧的味道（图8-11）。从视觉效果看，人们对色彩的反应最为强烈，家居的配色设计与空间规划所营造的氛围能够直接触碰到人的内心。而要想简单地就达到这种感觉，灯光是极佳的营造工具，设计师对照明技术的精通和对灯饰风格的了解有助于其所陈列出的家居风格受到消费者青睐，是十分常见的现象。

一、相关概念

1. 住宅空间装饰

　　这是西方设计史上长期沿用的名词，指："建筑内部固定的表面装饰和可以移动的布置所共同创造的整体效果。"传统的住宅空间装饰主要包括两个方面：一是指门窗、墙壁、地面和天花板、建筑构件等表面的固定装饰。二是指家具、织物、器皿、艺术品、绿化等可以移动的布置，在我国，"住宅空间装饰"是住宅空间行业常用的俗称，尤其指专营窗帘、地毯、壁纸等住宅空间工程的行业施工范围［图8-12（a）］。

2. 住宅空间布置

　　这是一个较为狭义的名词，以住宅空间物品的选择与安排为基本内容。

3. 住宅空间摆放

　　这是住宅空间软装设计的一个部分，但不能体现

图8-10　软装配饰展示

图8-11　家居软装设计

出其全部的工作内涵。

二、软装构成元素

　　现代软装的构成元素主要有以下几种。

（a）　　　　　　　　　　　　　　（b）

图8-12　住宅空间装饰

（a）　　　　　　　　　　　　　　（b）

图8-13　软装饰-家具

1. 家具

包括支撑类家具、储藏类家具、装饰类家具。如沙发、茶几、床、餐桌、餐椅、书柜、衣柜、电视柜等［图8-13（a）］。

2. 饰品

一般为摆件和挂件，包括工艺品摆件、陶瓷摆件、铜制摆件，铁艺摆件，挂画、插画、照片墙、相框、漆画、壁画、装饰画、油画等［图8-13（b）］。

3. 灯饰

包括吊灯、立灯、台灯、壁灯、射灯。灯饰不仅仅起着照明的作用，同时还兼顾着渲染环境气氛和提升住宅空间情调的作用（图8-14）。

4. 布艺织物

包括窗帘、床上用品、地毯、桌布、桌旗、靠垫等。好的布艺设计不仅能提高住宅空间的档次，使住宅空间更趋于温暖，更能体现一个人的生活品位（图8-15）。

5. 花艺及绿化造景

包括装饰花艺、鲜花、干花、花盆、艺术插花、绿化植物、盆景园艺、水景等（图8-16）。

软装与住宅空间设计的关系：住宅空间软装设计与住宅空间环境设计是一种相辅相成的枝叶与大树的关系，不可强制分开。只要存在住宅空间设计的环境，就会有住宅空间软装的内容，只是多与少、高与低的区别。只要是属于住宅空间软装设计的门类，必然是处在住宅空间设计的环境之中，只是与环境是否协调的问题。但有时在某种特殊情况下，或因时代形势发展的需求，住宅空间软装设计参与住宅空间设计的要素较多，形成住宅空间软装为主的住宅空间设计环境。

三、家居陈设设计范畴

有人类活动的住宅空间都需要陈设。家居陈设设计也是家居陈设设计师的另一个发展空间。

四、软装要点

软装的出现代表着时代的发展，人们的生活水平提高。从一个家居的软装

图8-14　软装饰-灯饰

图8-15　软装饰-布艺织物

图8-16　软装饰-花艺

中便可以看出主人的性格、品位。所以，软装切不可随意，否则会适得其反。

首先，住宅空间软装饰体现了一个人的性格特点。如果是外向型的，即活泼开朗的人，在色彩上可用欢快的橙色系列，花型上可选用潇洒的印花；质地上若喜欢豪华气派的，可选用棉、化纤的（图8-17）。如果是一个文静内向型的，可选用细花、鹅黄或浅粉色系列的，花型上可选用高雅的织花，或者是工艺极好的绣花，在质地上，最好选择柔和一点的丝织、棉、化纤等（图8-18）。如果是一个追求个性风格的人，可选用自然随意的染花，或者是富有创意的插花，梦幻型的色彩，花型上大花、小花都行，但要注意一点，色彩必须协调统一，花而不乱，动中有静。

其次，住宅空间软装饰四季皆宜，既能体现出四季的情调，又能调节人的情绪，不必花费许多钱财经常更换家具，也不必频繁移动家具位置，不大的居室就能呈现出不同的面貌，给人新居的感觉。

五、气味软装

越来越多的家庭在传统软装中添加了嗅觉上的元素，比如鲜花、干花、香熏、精油、咖啡或是新鲜的水果（图8-19），除了在视觉上给人耳目一新的感觉，更多人在嗅觉上也追求了新的享受。

图8-17　橙色软装设计

图8-18　鹅黄色软装设计

图8-19　气味软装

1 绿化实施的原则有哪些?

思 2 住宅空间绿化的作用有哪些?

考 3 软装配饰的概念是什么?

题 4 分析Eduardo Arroyo的设计作品,说明他的设计风格和特点。

5 说明绿色住宅设计的内容。

第九章

住宅功能空间设计

随着人们文化生活水平的提高，生活习俗的更新，对居住条件的要求也发生了很大变化。传统住宅设计被现代住宅空间设计取而代之，使住宅空间层次更丰富，功能更完善，更富时代感。

第一节 门厅

门厅是进入家居室内后的第一个空间，位于大门、客厅、走道之间，面积不大，但形态完整，是更衣换鞋、存放物品的空间。玄关原指佛教的入道之门，现在专指住宅室内与室外之间的过渡、缓冲空间。在现代家居装修中，门厅与玄关的概念相同，通常将其合二为一称为门厅玄关。它是家居空间环境给人的最初印象，入户后是否有门厅玄关作为隔离或过渡，是评价装修品质的重要标准之一。

一、门厅功能设计

（1）保持私密。避免客人一进门或陌生人从门外经过时就对整个住宅一览无余，在门厅玄关处用木质或玻璃作隔断（图9-1），相当于划出一块区域，能在视觉上起到遮挡的作用。

（2）家居装饰。玄关门厅的设计是住宅整体设计思想的浓缩，它所占据的面积不大，但是在住宅装修中起到画龙点睛的作用（图9-2）。通常在局部采用不锈钢、玻璃等高反射材料作点缀，采用具有特色的壁纸、涂料、木质板材作覆面，并配置高强度射灯弥补该空间的采光不足。

（3）方便储藏。一般将鞋柜、衣帽架、大衣镜等设置在门厅玄关内，鞋柜可以做成隐蔽式，衣帽架、大衣镜的造型应美观大方，配置一定的储物空间，适用于放置雨具、维修工具等。门厅玄关应该与整个家居空间风格相协调，起到承上启下的作用。

图9-1　私密性门厅

图9-2　装饰性门厅

二、门厅空间布置

（1）无厅型。这种门厅适合面积很小的住宅，打开大门后就能直接观望到室内，进门后沿着墙边行走。但是在这种空间里还是要满足换衣功能，在墙壁上钉置挂衣板，保证出入时方便使用。在狭窄的空间里可以将换鞋、更衣、装饰等需求融合到其他家具中（图9-3）。

（2）走廊型（2平方米）。打开大门后只见到一条狭长的过道，能利用的储藏空间和装饰空间不多，可以见机利用边侧较宽的墙面，设计鞋柜或储藏柜。如果宽度实在很窄，鞋柜可以设计成抽斗门，厚度只需160毫米。在对应的墙面上，可以安装玻璃镜面，衬托出更宽阔的走廊空间（图9-4）。

（3）前厅型（3平方米）。这种空间比较开阔，打开大门后是一个很完整的门厅，一般呈方形，长宽比例适中，在设计上是很有作为的。可以在前厅型空间内设计装饰柜、鞋柜为一体的综合型家具，甚至安置更换鞋袜的座凳，添加部分用于遮掩回避的玄关，并且设计出丰富的装饰造型（图9-5）。

图9-3　无厅型门厅

图9-4　走廊型门厅

图9-5　前厅型门厅

图9-6　异型门厅

（4）异型（4平方米）。针对少数不同寻常的住宅户型，这种布置要灵活运用，将断续的墙壁使用流线型鞋柜重新整合起来，让门厅空间显得有次序、有规则。原本凌乱的平面布置，现在被收拾得很干净了。但是也不要希望能存放很多的东西，因为形式与功能是很难统一的（图9-6）。

三、门厅细节设计

（1）空间隔断。门厅玄关空间的划分要强调它自身的过渡性，根据整个住宅空间的面积与特点因地制宜、随形就势引导过渡，门厅玄关的面积可大可小，空间类型可以是圆弧形、直角形，也可以设计成走廊。虽然客厅不像卧室那样具有较强的私密性，但是最好能在客厅与门厅之间设计一个隔断，除了起到一定的装饰功能外，在客人来访时，使客厅中的成员有个心理准备，还能避免客厅被一览无余，增加整套住宅的层次感。但是这种遮蔽不一定是完全的遮挡，经常需要有一定的通透性。

隔断的方式多种多样，可以采用结合低柜的隔断，或采用玻璃通透式与格栅围屏式的屏风结合，既能分隔空间又能保持大空间的完整性，这都是为了体现门厅玄关的实用性、引导性、展示性等特点，至于材料、造型及色彩，完全可以不拘一格。

（2）地面材料。门厅玄关的地面材料是设计的重点，因为它不仅经常承受磨损和撞击，它还是常用的空间引导区域。瓷砖便于清洗，也耐磨，通过各种铺设图案设计，能够适宜引导人的流动方向，只不过瓷砖的反光会给人带来偏冷的感觉。

（3）照明采光。由于门厅玄关里带有许多角落和缝隙，缺少自然采光，那么就应该有足够的人工照明，根据不同的位置合理安排筒灯、射灯、壁灯、轨道灯、吊灯、吸顶灯，可以形成焦点聚射，营造不同的格调，如果使用壁灯或射灯可以让灯光上扬，产生丰富的层次感，营造出温馨感。

第二节　客厅

客厅在住宅中当数最主要的空间了，它是家庭成员逗留时间最长、最能集中表现家庭物质生活水平与精神风貌的空间，因此，客厅应该是家居空间设计的重点。客厅是住宅中的多功能空间，在布局时，应该将自然条件和生活环境等因素综合考虑，如合理的照明方式、良好的隔音处理、适宜的温湿度、适宜的贮藏位置与舒适的家具等，保证家庭成员的各种活动需要。客厅的布局应尽量安排在室外景观效果较好的方位上，保证有充足的日照，并且可以观赏周边的美景，使客厅的视觉空间效果都能得到很好的体现。

一、客厅功能设计

（1）功能分区。客厅是家庭成员及外来客人共同的活动空间，在空间条件允许的前提下，需要合理地将会谈、阅读、娱乐等功能区划分开，诸多家具一般贴墙放置，将个人使用的陈设品转移到各自的房间里，腾出客厅空间用于公共活动。同时尽量减少不必要的家具，如整体展示柜、跑步机、钢琴等都可以融到阳台或书房里，或者选购折叠型产品，增加活动空间。

（2）综合运用。客厅功能是综合性的，其中活动也是多种多样的，主要活动内容包括家庭团聚、视听活动、会客接待。家庭团聚是客厅的核心功能，通过一组沙发或座椅巧妙的围合，形成一个适宜交流的场所，而且一般位于客厅的几何中心。西方客厅则往往以壁炉为中心展开布置。工作之余，一家人围坐在一起，形成一种亲切而热烈的氛围。客厅兼具功能内容还包括用餐、睡眠、学习等，这些功能在大型客厅不宜划分得过于零散，在小型客厅的中心显得更为突出，也要注意彼此之间的使用距离（图9-7）。

（3）围绕核心。客厅是住宅的核心，可以容纳多种性质的活动，可以形成若干区域空间。在众多区中必须有一个主要区域，形成客厅的空间核心，通常以视听、会客、聚谈区域为主体，辅以其他区域，形成主次分明的空间布局，而视听、会客、聚谈区往往以一组沙发、座椅、茶几、电视柜围合而成，再添加装饰地毯、天花、造型与灯具来呼应，达到强化中心感的效果，并让人感到大气（图9-8）。

二、客厅空间布置

（1）L型（9平方米）。这种布局方式适合面积较小的客厅空间，选购沙发时要记清楚户型转角的方向。转角沙发可以灵活拆装、分解，变换成不同的转角形式，容纳更多的家庭成员。此外，电视柜的布局也有讲究，应该以沙发的中心为准，这样才能满足正常观

图9-7 客厅设计展示（一）

图9-8 客厅设计展示（二）

图9-9 L型客厅

看需求（图9-9）。

（2）标准型（12平方米）。标准的3＋2沙发布局是常见的组合款式，既可以满足观看电视的需要，又可以方便会谈，沙发的体量有大有小。皮质沙发可以配置厚重的箱式茶几，布艺沙发可以配置晶莹透彻的玻璃茶几，木质沙发可以配置框架结构的木质茶几

（图9-10）。

（3）U型（12平方米）。这种半包围的客厅布局方式一般用于成员较多的家庭，日常生活以娱乐为主，布局一旦固定下来就不会再改变。包围严实的布局可卧可躺，别有一番情趣。沙发与电视柜的距离要适当拉开，保证家庭成员能快速入座、快速离开（图9-11）。

（4）对角型（12平方米）。对角型布置适合特异形态的客厅，在布局整体住宅空间时要考虑客厅的特殊形态。弧形沙发背后的空间设计要得当，可以制作圆弧形隔墙或玻璃隔断，设计成圆弧形吧台，或设计成储藏空间，而对电视柜就没有那么多要求了，最好能直对沙发（图9-12）。

（5）单边型（25平方米）。单边型走道布局适合空间较大的住宅，侧边走道至少要保证一个人正常通行。沙发最好选用皮质的，体量也应该比较大，受到碰撞后不容易发生移动。如果选用布艺沙发与木质沙发，背后可以放置一个低矮的储物柜或装饰柜，保证沙发不会受到碰撞（图9-13）。

（6）周边型（30平方米）。周边走道的客厅布局一般出现在复式住宅或别墅住宅里，三面环绕的形式能让人产生唯我独尊的感觉，"看电视"这种起居行为可以被忽略了，取而代之的是大气的背景墙。三面走道空间应该保持宽敞，能满足两人对向而行（图9-14）。

三、客厅细节设计

（1）避免交通斜穿。客厅是联系户内各房间的交通枢纽，如何合理地利用客厅，交通流线问题就显得很重要了。可以对原有建筑布局进行适当调整，如调整户门的位置，使其尽量集中。还可以利用家具来巧妙围合、分割空间，以保持各自小功能区域的完整性，如将沙发靠着墙角围合起来，整体空间过小可以提升茶几的高度，使茶几成为餐桌。这样一来，餐厅与客厅融为一体，避免了相互穿插。

（2）相对的隐蔽性。客厅是家人休闲的重要场所，在设计中应尽量避免由于客厅直接与户门或楼梯间相连而造成生活上的不便，破坏住宅的私密性与客

图9-10　标准型客厅

图9-11　U型客厅

图9-12　对角型客厅

图9-13　单边型客厅

厅的安全感。设计时宜采取一定措施，对客厅与户门之间做必要的视线分隔。玄关隔断是很好的隐蔽道具，但是要占据客厅一定的空间，可以将玄关做成活动的结构，犹如门扇一样，可以适度开启、关闭。

（3）通风防尘。通风是住宅必不可少的物理因素，良好的通风可使室内环境洁净、清新、有益健康。通风又有自然通风与机械通风之分，在设计中要注意不要因为不合理的隔断而影响自然通风，也要注意不要因为不合理的家具布局而影响机械通风。防尘是客厅的另一物理要求，住宅中的客厅常直接联系户门，具有玄关的功能，同时又直接联系卧室起过道的作用。因此，连接客厅的门窗边缝要粘贴防尘条。此外，进入或外出要设置换鞋凳，这样才能使家庭成员保持良好的换鞋习惯。

（4）界面设计。由于现代住宅的层高较低，客厅一般不宜全部吊顶，应该按区域或功能设计局部造型，造型以简洁形式为主。墙面设计是客厅乃至整套住宅的关键所在，在进行墙面设计时，要从整体风格出发，

图9-14　周边型客厅

在充分了解家庭成员的性格、品位、爱好等基础上，结合客厅自身特点进行设计，同时又要抓住重要墙面进行重点装饰。背景墙是很好的创意界面，现代流行简洁的几何造型，凸出与内凹的形体能衬托出客厅的凝重感。地面在材料的选择上可以是玻化砖、木地板，使用时应根据需要，对材料、色彩、质感等因素进行合理的选择，使之与室内整体风格相协调，相对而言则更要简洁些。

第三节　餐厅

餐厅是家人日常进餐并兼作欢宴亲友的活动空间。依据我国的传统习惯，将宴请进餐作为最高礼仪，所以良好的就餐环境十分重要。在面积大的住宅空间里，一般有专用的进餐空间。面积小的餐厅常与其他空间结合起来，成为既是进餐的场所，又是家庭酒吧，同时还是休闲或学习的空间。无论采取何种用餐方式，餐厅的位置应居于厨房与客厅之间最佳，这在使用上，可以节约食品的供应时间并缩短就座的交通路线，且易于清洁。对于兼用餐厅的开敞空间环境，为了减少在就餐时对其他活动的视线干扰，常用隔断、滑动墙、折叠门、帷幔、组合餐具橱柜等分隔进餐空间。

一、餐厅功能设计

（1）餐厅位置。在环境条件的限制下，可以采用各种灵活的餐厅布局方式，例如，将餐厅设在厨房、门厅或客厅里，能呈现出各自的特点。厨房与餐厅合并能提升上菜速度，能够充分利用空间，只是不能使厨房的烹饪活动受到干扰，也不能破坏进餐的气氛。

如果客厅或门厅兼餐厅，那么用餐区的布置要以邻接厨房为佳，它可以让家庭成员同时就座进餐并缩短食物供应的线路，同时还能避免菜汤、食物弄脏环境。通过隔断、吧台或绿化来划分餐厅与其他空间是

实用性与艺术性兼具的做法，能保持空间的通透性，但是应注意餐厅与其他空间在设计风格上保持协调统一，并且不妨碍交通。

（2）就餐文化。文化对就餐方式的影响集中体现在就餐家具上，中式餐厅是围绕一个中心共食，这种方式决定了我国多选择正方形或圆形餐桌。西餐的分散自选方式决定了选用长方形或椭圆形的餐桌，为了赶时髦而选用长方形大餐桌并不能满足真正的生活需要。

餐厅的家具布置还与进餐人数和进餐空间大小有关。从坐席方式和进餐尺度上来看，有单面座、折角座、对面座、三面座、四面座等；餐桌有长方形、正方形、圆形等，座位有4座、6座、8座等；餐厅家具主要由餐桌、餐椅、酒柜等组成。在兼用餐厅里，会客部分的沙发背部可以兼作餐厅的隔断，这样的组合形式，餐桌、餐椅部分应尽量简洁，才能达到与整个空间的家具和谐统一的效果。

二、餐厅空间布置

（1）倚墙型（5~8平方米）。小面积的餐厅空间很难布置家具，这种类型的空间四周都开有门窗，餐桌的布置很成问题。一般选择宽度较大的墙面作为餐桌的凭靠对象，如果没有合适的墙面，可以将其他门窗封闭，另作开启。靠墙布置时要对墙面作少许装饰，选用硬质材料，以免墙面磨损（图9-15）。

（2）隔间型（9平方米）。这种布局适合没有餐厅的住宅，可以在沙发背后布置低矮的装饰柜。餐桌依靠柜体，就餐时还能看电视，可谓一举两得。在客厅里，以往靠墙的沙发现在要挪动至中央，满足餐桌椅的需要，也可以将厨房与客厅之间的墙体拆除，这样能扩大餐桌椅的摆放面积（见图9-16）。

（3）岛型（10平方米）。这是一种很标准的餐厅布局形式，当家庭成员坐下后，周边还具备流通空间。这种形式除了要合理布置餐桌椅外，还要注意防止餐厅空间显得过于空旷，在适当的墙面上要作装饰酒柜或背景墙造型，这样可以体现出餐厅的重要性与居中性（图9-17）。

（4）独立型（16平方米）。大户型的餐厅布局很

图9-15　倚墙型餐厅

图9-16　隔间型餐厅

图9-17　岛型餐厅

饱满，可以满足不同就餐形式的需求，小型的圆形餐桌可以长期放置在餐厅中央不变，大型桌面需要另外设计储藏区域。这种餐厅在设计主背景墙的时候要注意朝向，一般以北方为上，可以依次来判定座位的长幼之分（图9–18）。

三、餐厅细节设计

现在，人们对餐厅环境要求越来越高，因此，对餐厅的气氛营造非常重要，它主要是通过对餐厅界面的设计细节来完成的。

（1）顶棚。餐厅是进餐的地方，其主要家具是餐桌。餐厅顶棚设计往往比较丰富而且讲求对称，其几何中心的位置是餐桌，可以借助吊灯的变化来丰富餐厅的环境。顶棚灯池造型讲究围绕一个几何中心，并结合暗设灯槽，形式丰富多样。灯具也可以多种多样，有吊灯、筒灯、射灯、暗槽灯。有时为了烘托用餐的空间气氛，还可以悬挂一些艺术品或饰物。

（2）地面。餐厅的地面既要沉稳厚重，避免华而不实的花哨，又要选择高实用性且易清理的玻化砖、

图9–18 独立型餐厅

复合木地板，尽量不使用易沾染油腻污物的地毯。除了错层住宅、复式住宅以外，餐厅与厨房之间、餐厅与客厅之间不能存在任何高度的台阶，防止行走时摔跤。

（3）墙面。餐厅墙面设计要注意与家具、灯饰的搭配，突出自己的风格，不可信手拈来，盲目堆砌各种形态。餐厅的墙面装饰除了满足其使用功能之外，还应运用科学技术与艺术手法，创造出功能合理、舒适美观、符合人心理及生理要求的环境。

第四节　厨房

厨房在住宅中属于功能性很强的使用空间，操持着一日三餐的洗切、烹饪、备餐，以及用餐后的洗涤、整理，在家庭生活中具有非常重要的作用。一天中需要用2~3小时耽搁在厨房里，厨房操作在家务劳动中较为劳累。由于生活习惯、文化背景的不同，不同民族、不同地区的人们有着不同的饮食习惯，再加上家庭成员数量、户型面积的不同，这使得不同地区的厨房功能有着千差万别的变化。

一、厨房功能设计

（1）空间构成。根据住宅厨房的使用功能，可以将厨房空间分为基本空间与附加空间两大部分。第一部分是基本空间，是指完成厨房烹调等基本工作所需的空间，主要包括操作空间、储藏空间、设备空间、通行空间。操作空间是厨房空间的主要组成部分，其本身又由烹调空间、清洗空间、准备空间等3部分组

成。烹调空间是进行烹调操作活动的空间，主要集中在灶台；清洗空间是完成蔬菜、餐具洗涤的所需空间，主要集中在洗涤池；准备空间是进行烹调准备、餐前准备、餐后整理及其他活动（如生菜加工、使用微波炉等厨房设备、泡茶、切水果）的空间，主要集中于操作台或备餐台。储藏空间是与厨房有关储藏所需的空间，如冰箱、橱柜、吊柜等。设备空间是指炉灶、洗涤池、抽油烟机、上下水管线、燃气管道以及安装热水器等设备所需的空间。通行空间是指为了不影响厨房操作活动而必需的通道等。第二部分是附加空间，包括调节空间与发展空间。其中调节空间要考虑在厨房内聚餐，烹调量的增大及操作人数的增加，使得厨房需要更大的操作空间及辅助空间，这就需要安排相应的调节空间以满足要求。发展空间是留出一定空间为新型厨房设备进入家庭创造条件，有利于厨房的多样化发展。住宅厨房的内部空间一般比较紧凑、狭小，因此需要采用更先进、更复杂的技术手段来满足上述功能。

（2）厨房类型。目前，厨房的空间形式呈现多元化方向发展，封闭式厨房不再是唯一的选择，可以根据需要来选择独立式厨房、餐厅厨房、开敞式厨房等不同的空间形式。独立厨房，是指与就餐空间分开，单独布置在封闭空间内的厨房形式。在我国，独立厨房一直被人们普遍采用。由于独立厨房采用封闭空间，使厨房的工作不受外界干扰，烹调所产生的油烟、气味及有害气体，也不会污染其他空间。因设备设施比较差而无法保持整洁的厨房，可以利用独立空间，避免杂乱的噪声对其他空间的干扰。独立厨房的墙面面积大，有利于安排较多的储藏空间。但是独立厨房也有难以克服的弱点，特别是面积较小的厨房，操作者长时间在厨房内工作，会感觉单调、有压抑感、易疲劳，且无法与家人、访客进行交流，同时与就餐空间的联系也不方便。餐厅厨房，它与独立式厨房一样，均为封闭型空间，所不同的是餐厅厨房的面积比独立式厨房稍大，可以将就餐空间一并布置于厨房空间内。餐室厨房具有独立式厨房的优点，可以避免厨房产生的噪声、油烟及其他有害气体对住宅空间的污染。同时因其空间较为宽敞，在一定程度上也具有开敞式厨房的优点。例如，能减少空间的压抑感和单调感，且

不同功能空间可以相互借用，就像餐桌在烹调中兼作备餐台，共用通行面积等，从而达到节省空间的目的。开敞厨房，它将小空间变大，将起居、就餐、烹饪3个空间之间的隔墙取消，各空间之间可以相互借用。这种空间设计较大限度地扩大了空间感，使视野开阔、空间流畅，对于面积较小的住宅，可以达到节省空间的目的，便于家庭成员的交流，从而消除孤独感，有利于形成和谐愉悦的家庭气氛。此外，还有助于空间的灵活性布局与多功能使用，特别是当厨房装修比较考究时，起到美化家居的作用。

由于家庭人口的变化、生活条件的改善、厨房设备的增加，以及来客频率的变化等，使家庭成员在不同时期有不同的要求。例如，人口较多的家庭，来客频繁，希望有较大的厨房与正式的餐厅；年纪较大的业主一般儿女分住，大餐厅的使用频率降低，可以改作他用，而就餐可在厨房中解决。因此要考虑厨房及就餐空间的各种组合方式，根据住房不同阶段的使用性质，使住宅达到最合理的使用效果。

二、厨房空间布置

（1）一型（5平方米）。一型布置是在厨房一侧布置橱柜设备，边侧的走道一般可以通向另一个空间。一型厨房结构紧凑，能有效地使用烹调所需的空间，以洗涤池为中心，在左右两边作业。但是作业线的总长一定要求控制在4米以内，才能产生精巧、便捷的使用效果（图9-19）。

图9-19　一型厨房

（2）二型（6平方米）。沿两边墙并列布置成走廊状，一边布置水槽、冰箱、烹调台，另一边放配炉灶、餐台。这样能减少来回动作次数，可以重复利用厨房的走道空间，提高空间效率。缺点是炊事流程操作不很顺当，需要作转身的动作，管线的布置也不连贯（图9-20）。

（3）窗台型（6平方米）。窗台型厨房是在二型厨房布置的基础上改进而成的，有效利用了厨房的外挑窗台，在窗台上放置炉灶，两边的橱柜能发挥其最大的储藏功能。窗台上放置炉灶能比较方便地进行烹饪操作。如果采光充裕，也可以安装抽油烟机，但是煤气与水电管线不方便布置（图9-21）。

（4）L型（7平方米）。将柜台、器具和设备贴在相邻的两面墙上连续布置，工作时移动较小，既能方便使用，又能节省空间。L型厨房不仅适用于开门较多的厨房，同时也适用于厨房兼餐厅的综合空间。但是，当墙面过长时，就略感不够紧凑（图9-22）。

（5）U型（7平方米）。U型布置即厨房的三边均布置橱柜，功能分区明显，因为它操作面长，设备布置也比较灵活，随意性很大，行动十分方便。一般适合于面积较大、接近方形的厨房。厨房的开门一般适合梭拉门，但是对有服务阳台的厨房来说就有所限制了（图9-23）。

（6）T型（8平方米）。T型厨房与U型厨房相类似，但有1侧不贴墙，从中引出台面，形成1个临时餐桌，

图9-20　二型厨房

图9-21　窗台型厨房

图9-22　L型厨房

图9-23　U型厨房

方便少数成员临时就餐。餐桌可以与橱柜连为一体，也可以独立于中央。普通橱柜的高度为800毫米，如果连入餐桌，高度应该适当降低，满足就餐的需求（图9-24）。

（7）方岛型（12平方米）。中间的岛柜充当了厨房里几个不同部分的分隔物。通常设置1个炉灶或1个水槽，或者是两者兼有，在岛柜上还可以布置一些其他的设施，如调配中心，便餐柜台等。这种岛式厨房适合于大空间、大家庭的厨房。中间环绕的走道宽度要保持800毫米左右（图9-25）。

（8）圆岛型（16平方米）。圆岛型厨房的布局更加华丽，周边橱柜的储藏空间更大，能有效满足烹饪、储藏、劳作等行为的发挥。橱柜的开门外观是弧形的，施工上有一定的难度，一般需要专项设计定做。炉灶与水槽的布局不要因为空间大而显得零散，最终还是要满足正常使用（图9-26）。

三、厨房细节设计

（1）水电气设备。厨房空间内集中了各种管线，使厨房成为设施、工艺程度最复杂的区域。所有管线设备一般分为水、电、气等3大类。水设施，通过主阀门供水至水池，一般使用PP-R管连接，布设时应该安装在容易检查更换的明处，尤其是阀门与接口在安装后一定要加水试压，以防泄漏。水池使用后的污水经PVC管排入到住宅建筑中预留的下水管道。两种管材应明确区分，不应混合使用。电设施，厨房内所用的电器设备一般包括照明灯具、微波炉、消毒柜、抽油烟机、冰箱、热水器等，设施门类复杂。在布设电线时应考虑到使用频率的高低，分别设置数量不等、型制不同的插座。如水池龙头要供应热水就需要单独连接PP-R热水管至热水器，甚至会与卫生间的管道线路相关联。气设施，厨房内一般使用液化石油气、天然气两种。供气单位所提供的控制

图9-24　T型厨房

图9-25　方岛型厨房

图9-26　圆岛型厨房

表应远离明火，所连接的输气软管应设置妥当，避免燃气泄漏发生危险。

（2）采光、通风与照明。厨房的自然采光应该充分利用，一般将水池、操作台等劳动强度大的空间靠近窗户，便于精细操作。在夜间除了吸顶灯的主光源外，还需在操作台上的吊柜下方设置筒灯，配合主光源进行局部照明。

现代厨房由于建筑外观等因素限制，不宜采用外挑式无烟灶台，灶台一般设在贴墙处台面，上部方可挂置抽油烟机，与住宅建筑所配套的烟道相连，解决油烟排放问题。抽油烟机的排烟软管一般从吊顶内侧通入烟道，不占用吊柜储藏空间。橱柜中如果存放瓜果蔬菜等食品，宜采用合页柜门，保持空气流畅并防止食品腐烂变质。

第五节　卫生间

卫生间是住宅中与厨房并列的一个重要功能空间，但是面积一般都比较狭小，设备相对集中，同时要具备通风、采光、防水、保暖等各种条件。除了考虑卫生间本身的功能要求外，还要考虑它与其他空间的关系。由于功能上的特殊性与使用时间的不确定性，使得住宅各主要空间都应该尽量与卫生间有直接联系，但是卫生间也要保持一定的独立性。因此，卫生间既要保证使用方便，又要保证具有私密性。

一、卫生间功能设计

（1）主要功能。能满足家庭日常生活需求的住宅卫生间，其基本功能组成，首先应包含以下内容。第一，排便。包括大小便、清洗等活动。第二，洗浴。包括洗澡、洗发、更衣等活动。第三，盥洗。包括洗手、洗脸、刷牙、梳头、剃须等活动。第四，家务。包括洗涤衣物、清理卫生、晾晒等内容。第五，储藏。用于收存与卫生间内的活动内容相关的物品等。

现代卫生间除了上述基本功能以外，还要根据现代人的生活节奏与新型卫生设备的开发运用，又增添了许多新的功能，特别是在追求健康性、舒适性方面，如气泡按摩浴缸、多水流的多功能淋浴房、多功能智

能型坐便器、小型桑拿浴房间、落地长镜、带测量器的小磅秤等，逐步成为高档卫生间的必备设施。此外，国外的生活方式逐步引入国内，将阳光与绿意引入卫生间，享受自然，以获得沐浴、梳洗时的舒畅、愉快。总之，现代卫生间已不仅仅是排便、洗浴等功能了，而是驱除疲劳与享受生活的场所。

（2）使用要求。从卫生间的基本功能看，盥洗、排便、洗浴等活动是卫生间的基本功能内容。因此，

图9-27　卫生间设计展示

梳妆空间、排便空间、洗浴空间等组成了卫生间的基本空间（图9-27）。此外，住宅卫生间中还包括洗衣、清洁等功能，因此，家务空间又成为卫生间新的组成部分。尺度要求，要有充裕的活动空间，如进行各种卫生活动的空间。洗衣空间内要有足够的操作空间，设备、设施的设计及安排应符合人体活动尺度。私密要求，排便与洗浴空间应注意私密性，需要组织过渡空间，避免向餐厅、起居室、客厅之间开门，在有条件的情况下，应该加强与卧室的联系。保洁要求，卫生洁具等设备、设施的材料及设置要便于清洁，易于打扫，有良好的通风换气条件，有充足的收存空间。安全要求，防止碰伤、滑倒。如地面材料应防滑，设备转角应圆滑，有些位置应设置扶手等，以保证老人、儿童的安全。电器设备、开关还要求防水、防潮。便利要求，对空间及设备、设施等设计安排，要符合卫生行为模式。愉悦要求，应考虑卫生空间功能的发展所带来的新功能。如可眺望风景、接近自然、听音乐、看电视、按摩、美容、运动等，使身体与精神得到彻底放松。

二、卫生间空间布置

（1）集中型（4平方米）。将卫生间内各种功能集中在一起，一般适合面积较小的卫生间，例如，洗脸盆、浴缸、淋浴房、坐／蹲便器等分别贴墙放置，保留适当的空间用于开门、通行。这种卫生间的面积至少需要4平方米，卫生间的门可以向外开启，避免内部空间过于局促（图9-28）。

（2）前室型A（6平方米）。将卫生间分为干、湿两区，外部靠着卫生间门，为盥洗区，中间使用玻璃梭拉门分隔，内部为淋浴间，关闭梭拉门后，内外完全分离，相互不会干扰。这种型式非常普遍，一般用于面积较大的卫生间，主要洁具靠着同一面墙布局，保证有宽裕的流通空间（图9-29）。

（3）前室型B（6平方米）。根据个人生活习惯，内部淋浴间可以布置浴缸，并在适当的位置安排储藏柜，放置卫浴用品。这种型制比较卫生，没有多余的水花溅落出来，中间的玻璃梭拉门也可以换成幕帘。前室型的干湿分区已经成为国内住宅的标准制式（图9-30）。

图9-28　集中型卫生间

图9-29　前室型A卫生间

图9-30　前室型B卫生间

（4）分设型A（12平方米）。将卫生间中的各主体功能单独设置，分间隔开，如洗脸盆、坐／蹲便器、浴缸、储藏柜分别归类设在不同的单独空间里，减少彼此之间的干扰。分设型卫生间在使用时分工明确、效率高，但是所占据的空间较多，对房型也有特殊要求（图9-31）。

（5）分设型B（15平方米）。分设型卫生间面积比较大，一般适合别墅住宅，干区是洗手间，中区是洗衣间和便溺间，湿区是领域间，分区设计要比开放设计经济，可以满足家庭多个成员同时使用。分设型卫生间门可以集中面向一个方位开设，梭拉门或折扇门都是不错的选择（图9-32）。

图9-31　分设型A卫生间

三、卫生间细节设计

（1）换气。卫生间的湿度特别高，而且又是封闭空间，所以需要不断补充新鲜空气。新鲜空气是通过窗户、门扇自然换气，同时也要用排气扇来换气。如果将排气扇与照明设为同一电路，洗浴时一开灯，换气扇也就开始旋转，这样会很方便。

（2）照明。卫生间面积小，将灯具安装在吊顶上，会造成头顶滴水，同时，蒸汽也会挡住灯光。所以，灯具的安装位置应避开浴缸、淋浴房的顶部。整个卫生间要经常保持明亮，还需要保持充分的光照。3平方米的小型卫生间可以装上10～15瓦节能灯，如果业主特别喜欢明亮的感觉，或卫生间的面积较大，则可以装上30～40瓦的节能灯。另外，注意选购的照明灯具必须是防水、防潮产品。

（3）采光。为家人的健康着想，最好经常用太阳光照射人体皮肤，因此，有窗的卫生间里最好能充分运用光照，获得自然光。如果卫生间里没有灯光，最好选用至少1只白炽灯。因为白炽灯照射皮肤的颜色最自然，为了避免白炽灯泡产生蒸汽，也可以安装暖黄色荧光灯。

（4）采暖。现代卫生间中较多使用浴霸、红外暖风机等设备，在我国北方地区，还可以使用电热暖气片、地面水暖等设备。冬季洗浴容易患感冒，特别是对体弱的老人与小孩，有无良好的采暖设备至关重要。因此，针对老人与小孩，最好不只采用一种采暖设备，

图9-32　分设型B卫生间

采暖方式应该更丰富，采暖方向应该全方位。

（5）储藏。卫生间的必备品会使本来不大的空间变得杂乱不堪，要想整齐有序。各种物品所放置的位置应该合理且便于拿取，常用品与不常用品应该分开，备用品可放置在吊柜或低柜中，每天都使用的东西则应固定在专用的位置，放于容易够到的高度。各种物品采取明放与内存结合的方式，牙膏、牙刷、常用化妆品等归放在明处。一些贮备品、易潮品应放在柜内。充分利用小空间，除了脸盆水桶外，卫浴用品的体积都比较小，因此卫生间的储物柜、板架深度应≥150毫米。注意安全性、防水性与易清扫性，在卫生间内还应设置物品架、置物台等，必须选用防水材料，可以用水清洗。此外，卫生间中的家具、搁架等造型应简洁，以免结垢后不利清扫，玻璃物品应放置在儿童够不着的地方。

第六节　书房

书房设计要考虑到朝向、采光、景观、私密性等多项要求，以保证宁静的良好环境。书房多设在采光充足的南向、东南向或西南向，这样书房的采光较好，可以缓解视觉疲劳。

书房是住宅中私密性较强的空间，是人们基本居住条件中高层次的要求，它给主人提供了一个阅读、书写、工作、密谈的空间，虽然功能较为单一，但对环境的要求却很高。首先要安静，给业主提供良好的环境。其次要有良好的采光与视觉环境，使业主能保持轻松愉快的心情。在日新月异的户型结构中，书房已经成为一种必备要素。在住宅后期的室内设计和装饰装修阶段，更要对书房的布局、材质、造型、色彩进行认真设计与反复推敲，以创造出一个使用方便、形式美感强的阅读空间。

一、书房功能设计

（1）书房位置。由于人在书写阅读时需要安静的环境，因此书房应适当偏离活动区，如客厅、餐厅，以避免干扰，同时尽量远离厨房、储藏间等家务用房，以便保持清洁。书房与儿童房也应保持一定的距离，避免儿童的喧闹。书房往往与主卧室的位置较为接近，甚至可以将两者以穿套的形式相连接。

（2）书房布局。与卧室并用的书房。这种书房多用在独生子女家庭。2室1厅的住宅中有1室供子女睡觉，但子女正处在学习阶段，因此需要将这间房当作卧室兼书房。安排好这间既是卧室又是书房的空间，对子女的身心健康大有好处。子女的书房应该布置得整洁简练，既有时代气息，又富有个性。卧床不应临窗横摆，因为孩子一般很粗心，夏天如果忘记关窗，被褥会被雨淋湿，开窗睡觉又易着凉。所以床最好靠一侧墙放置，让子女的头朝外睡，床边还应有矮柜阻挡。柜上可以放置迷你音响，这样早晚听广播或学习英语会很方便。对于未成年子女，书房兼卧室的家具布置又有所不同，例如，在读小学的儿童，根据他们的生理特点，桌子不能太高，一般为650～700毫米，椅子的坐面高度也相应调整到350～400毫米，不能用弹簧床，家具应尽量采用圆角。正在读中学的青少年，桌子、椅子高度基本上可与成年人相似，书房内除了床、桌、橱以外应多留些空间给他们活动，并且还要尽可能地为他们的书房兼卧室配置先进的设备（图9-37）。家庭办公型书房。随着网络技术的发展，人与人、人与企业之间的信息交流越来越顺畅，而家庭作为社会活动中的一个重要场所，不可避免地成为办公场所的延伸部分，只要家中能提供工作的地方，都可以成为家庭办公室，在不远的将来，在家办公都会成为普遍现实。工作、学习容易让人产生疲劳，书房内的装饰应简洁明快，除了书柜、书桌以外，不宜大面积装饰造型，可以将小块挂画、匾额、玻璃器皿陈列于书柜间隙处，以调节视觉疲劳。窗户采光性良好，在书桌上应配置有长臂可调台灯。墙面色彩以浅蓝、浅绿、淡紫色为宜，让人集中精力阅读思考。家庭办公型书房内还要配置齐全的电器插座，如电源、网线、电话线、音响线、电视线等，方便工作、学习时查阅资料或使用辅助设备（图9-33）。

（a）

（b）

图9-33　书房设计展示

二、书房空间布置

（1）一型（6平方米）。书桌靠着书房内任何一面墙都能够节省空间，非常适合面积很小的住宅空间，甚至可以将卧室或客厅隔出半间来做书房。书柜的储藏空间不大，但是可以利用书桌墙面上的隔板，长期不用的图书还是要避免暴露在外部，防止积聚灰尘（图9-34）。

（2）L型（6平方米）。转角书桌可以大幅度增加工作空间，一般适合单人使用的专一书房。电脑显示器的背后是墙角，可以设计成隔板，放置一些装饰品，否则长期面对墙角，工作会感到窘迫。转角台面的下方可以设计倾斜抽拉的键盘抽屉，前提是不要影响到其他抽屉、柜门的开启（图9-35）。

（3）对角型（8平方米）。书房的面积不大，但是又想让空间变得开阔些，可以将家具都靠边角摆放。此外，还可以将直角家具转化成圆角，柔化空间形态。对角型布置手法适合休闲书房，强调文化与娱乐为一体的生活情调。每件家具的功能并不要求齐全，随意、放松是家居装饰的主题（图9-36）。

（4）T型（10平方米）。在贴墙布置的书柜中央突出一张书桌，将书房分隔为两部分。一边为工作区，一边为会谈区。书桌可以选用折叠产品，不用时就靠墙收起来，腾出空间增添卧具，将书房改成卧室，扩展了使用功能。书柜的下半部不宜采用玻璃柜门，防止挪动书桌时会破坏藏书（图9-37）。

图9-34　一型书房

图9-35　L型书房

（5）岛型（15平方米）。以书柜为背景墙，书桌放在房间中央，四周环绕过道，最好能设计成地台，给人居高临下的感觉。书柜与书桌的装饰造型要精制、大气、庄重，使用功能全面，一张宽大的书桌能解决

图9-36 对角型书房

图9-37 T型书房

所有的工作（图9-38）。

（6）会客型（25平方米）。对于长期在家办公的人来说，这种布局最适宜不过了。除了岛型书房的功能、形式以外，还增加了会客用的转角沙发，能使主宾之间更好地交流。这种布局需要较大的面积，如果实在无法布置，可以将卧室或客厅与书房对调，将住宅的外部使用功能转化为办公（图9-39）。

三、书房细节设计

（1）职业特征。书房的布置形式与使用者的职业有关，不同的职业会造就不同的工作方式与生活习惯，应该具体问题具体分析。有的特殊职业，除阅读以外，书房还应具有工作室的特征，因而必须设置较大的操作台面。同时书房的布置形式与空间有关，这里包括空间形状、大小、门窗位置等。

（2）气氛营造。书房是一个工作空间，但绝不等同于一般的办公室，它要和整个家居的气氛相和谐，同时，又要巧妙地应用色彩、材质变化以及绿化等手段，来创造出一个宁静温馨的工作环境。在家具布置上，它不必像办公室那样整齐干净，而要根据使用者的工作习惯来布置家具及设施，乃至艺术品，以体现主人的品位、个性。

（3）降低噪声。书房是学习和工作的场所，相对

图9-38 岛型书房

图9-39 会客型书房

来说要求安静，因为人在嘈杂的环境中工作效率要比安静环境中低得多。所以在装修书房时要选用那些隔音吸音效果好的装饰材料。顶面可以采用吸音石膏板吊顶，墙壁可采用PVC吸音板或软包装饰布等装饰，地面可以采用吸音效果佳的地毯，窗帘要选择较厚的面料，以阻隔窗外的噪声。

第七节 卧室

卧室是住宅中完全属于使用者的私密空间，纯粹的卧室是睡眠与更衣的空间，由于每个人的生活习惯不同，读书、看报、看电视、上网、健身、喝茶等行为都要在这里作尽量的完善。卧室可以划分为睡眠、梳妆、储藏、视听等4个基本区域，在条件允许的情况下可以增加单独卫生间、健身活动区等附属区域。

一、卧室功能设计

（1）睡眠区。主卧室是夫妻睡眠、休息的空间。在装饰设计上要体现主人的需求和个性，高度的私密性与安全感是主卧室设计的基本要求［图9-40（a）］。主卧室的睡眠区可分为两种形式，即共享型与独立型。共享型就是共享一个公共空间，进行睡眠休息等活动，家具可以根据主人的生活习惯来选择。独立型则以同一区域的两个独立空间来满足双方的睡眠与休息，尽

量减少夫妻双方的相互干扰。

（2）休闲区。主卧室的休闲区，是在卧室内满足主人视听、阅读、思考等休闲活动的区域。在布置时，可以根据业主夫妻双方的具体要求选择适宜的空间区位，配以家具与必要的设备，如小型沙发、靠椅、茶几等［图9-40（b）］。

（3）梳妆区。主卧室的梳妆活动包括美容与更衣两部分，一般以美容为中心的都以梳妆台为主要设备，可以按照空间的情况及个人喜好，分别采用活动式、嵌入式的家具形式。更衣也是卧室活动的组成部分，在居住条件允许的情况下，可以设置独立的更衣区，并与美容区位置相结合。在空间受限制时，还应该在适宜的位置上设置简单的更衣区域。

（4）储藏区。主卧室的储藏多以衣物、被褥为主，一般嵌入式的壁柜系统较为理想，这样有利于加强卧室的储藏功能，也可以根据实际需要，设置容量与功能较完善的其他储藏家具。在现代高标准住宅内，

（a）

（b）

图9-40 卧室设计展示

主卧室往往设有专用卫生间，专用卫生间的开发设计，不仅保证了主人卫浴活动的隐蔽，而且也为美容、更衣、储藏提供了便利。主卧室还可以配置与墙体为一整体的衣柜，用作衣物储藏，内部布置折叠镜面，可作梳妆或穿衣用。

二、卧室空间布置

（1）倚墙型（9平方米）。将床靠着墙边摆放可以将卧室空间最大化利用起来，墙边可以贴壁纸或软木装饰。床体可以放在地台上，显得更有档次，床尾处最好留条走道，能方便上、下床。卧室里剩余的空间就可以随心所欲了，大体量衣柜、梳妆台、书桌、电视柜可以全盘皆收（图9-41）。

（2）倚窗型（9平方米）。床头对着窗台，使空间显得更端庄些，很适合面积小而功能独立主卧室。阳光通过窗户直射到被褥上，还可以起到"晒棉被"的作用，能有效保障主卧室的卫生环境。床正对着衣柜，可以在衣柜中放置电视机，但是衣柜的储藏空间会受到影响（图9-42）。

（3）标准型（12平方米）。大多数主卧室希望在一间房中摆放很多家具，同时又不显得拥挤。采用这种布局，卧室面积最小应≥12平方米，否则就不能容纳更多的辅助家具。床正对着电视柜，它们之间需要保留≥0.5米的走道，沙发或躺椅才能随意选配（图9-43）。

（4）倚角型（12平方米）。圆床比较适合放置在主卧室的墙角，极力地减少占地面积，然而床头柜的摆放就成问题了，可以利用圆床与墙角间的空隙来制作一个顶角床头柜。同时，圆床也可以放置在地台上，注意其他家具不要打破圆床的环绕形态，地台的边角部位要注意处理柔和（图9-44）。

（5）套间型（26平方米）。对于房间数量充足的住宅户型，可以将相邻两间房的隔墙拆掉，扩大主卧室面积，设计成套间的形式，其中一侧作为睡眠区，另一侧作为休闲区，中间相隔双面电视背景墙，旋转的液晶电视机能让主卧室活跃起来，两区之间可以设置梭拉门或遮光幕帘来区分（图9-45）。

图9-41　倚墙型卧室

图9-42　倚窗型卧室

图9-43　标准型卧室

三、卧室细节设计

（1）色彩搭配。主卧室的用色一般使用淡雅别致的色彩，如乳白、淡黄、粉红、淡蓝等色调，可以创造出宁静柔和的气氛。局部也可以用一些较醒目的颜色，例如，在淡黄基调上用赭褐、粉紫色或黑色作点缀，乳白基调的局部可配以朱红、翠绿、橘黄等色。卧室灯光不宜过于明亮，尽可能使用调光开关或间接照明，避免躺在床上时感到有眩光，以能创造和谐、朦胧、宁静的气氛为佳。同时，灯光的色彩应注意与室内色彩的基调相协调。

（2）材料选用。卧室墙面一般选用壁纸、壁毯、软包、木材等手感舒适的材料（图9-46）。地面可铺设地毯或木地板。这些装饰材料具有吸音、防潮的特性，而且色彩、质感与卧室的使用功能较为协调。主卧室虽然可以设置镜面，但是不要正对窗户，以免产生大面积反光，影响正常睡眠。

图9-44　倚角型卧室

图9-45　套间型卧室

图9-46　卧室墙面材料

第八节　阳台与户外空间

在一套住宅中，最接近大自然的空间就是阳台了。以前常将阳台等同于杂物间、晾衣间，在封阳台盛行之后，阳台又成为一个小房间。随着居住环境的改善，阳台终于恢复了"本来面目"，真正成为人们接触自然、享受生活的地方。阳台既可以观赏自然景色，呼吸新鲜空气，养花栽木，锻炼身体，还可以洗衣晾物，为家居生活创造了许多便利。

一、阳台与户外空间功能设计

阳台较常见的形式有开敞式阳台与封闭式阳台两种。

（1）开敞式阳台。主要用作健身休闲、绿化景观、晾晒衣物、放置杂物的空间。

（2）封闭式阳台。一般与客厅、卧室或书房相连，扩展室内空间，甚至作为封闭的卫生间、厨房、书房来使用。

二、阳台与户外空间布置

（1）标准型（3平方米）。标准的阳台一般呈悬挑结构，不宜放置重物。洗衣机的布置要接近排水口，如果距离实在太远，也可以在阳台地面边角处安装排水管道，与门槛台阶平行。如果需要储藏空间，一般考虑安装高度在900毫米以下的储藏柜，储藏柜地面悬空（图9-47）。

（2）圆弧型（4平方米）。圆弧型阳台一般也呈悬挑结构，外形美观，而且加大了使用面积，可以沿着外围地面铺设鹅卵石，布置小盆装的绿化植物，使阳台空间显得更加精致美观。中央圆弧造型可以铺设花色丰富的地面砖，洗衣机和储藏柜不宜过大，不要破坏圆弧阳台的完整性（图9-48）。

（3）曲线型（5平方米）。曲线型阳台实际上是将一个完整的圆弧阳台一分为二，相邻两个户型各占一半，中间设有承重隔墙，属于半悬挑阳台。如果是高层住宅，可以沿着隔墙布置休闲座椅，零星点缀绿化植物，使之形成一个大气的观景空间，一家人可以在阳台上远眺、品茶（图9-49）。

（4）转角型（8平方米）。转角的阳台一般位于东、西两端的住宅户型里，接受日照的时间比较长，洗衣机和储藏柜应避开阳光照射。向阳方向比较适合观花类植物的生长，可以适当点缀。同时，也可以封闭一部分阳台空间，与室内相结合，既能扩大使用面积，又能规整阳台的空间形态（图9-50）。

三、阳台与户外空间细节设计

（1）地面铺设。阳台与房间地面铺设一致，恰当地延伸了室内空间，可以起到扩大空间的效果。集合式公寓的阳台不能随意改变，尽量保持其统一的外观。阳台可以铺设仿古砖或鹅卵石，不宜铺地板。如果阳

图9-47　标准型阳台

图9-48　圆弧型阳台

图9-49　曲线型阳台

台朝南，长期受太阳曝晒，雨借风势，渗入窗内，会使地板褪色、开裂，很不美观，但是可以在背阴处选择实木板，并且做好顶面防雨设施。

（2）防水处理。设计阳台要注意防水处理，尤其是水池的大小要合适，排水要顺畅；门窗的密封性与稳固性要好，防水框向外；阳台地面的防水要确保地面有坡度，低的一边为排水口，阳台与客厅的高差应≥10毫米。如果阳台用作厨房、卫生间或室内造景，还要注意排水问题，因为处理不好就会出现积水、漏水等问题（图9-51）。

（3）建筑结构。阳台的设计受限制于建筑结构。阳台的装修改建不能超载使用。阳台与居室之间的墙体一般属于承重墙，在建筑的受力结构承受之内，才可拆除。外挑阳台的底板承载力为300～400千克／平方米，要合理放置物品，如果重量超过了设计承载能力，就会降低阳台的安全系数。此外，装修阳台时，严禁改变横梁的受力性质，不要任意增加阳台地面的铺设材料，尤其是铺贴大理石、花岗岩等厚重的石材。此外，阳台栏杆一般以金属结构和钢筋水泥结构为主，栏杆的高度在1100毫米左右，要求高于成人身体重心的高度，栏栅间距应小于120毫米，高层住宅的阳台可以在栏杆外围安装钢丝隐形防护网，确保安全。

（4）门窗构造。在装修客厅与阳台的过程中，想扩大客厅的面积，通常将客厅通向阳台的门装修成敞开式，到晚上主要靠窗帘来隔离，但是保暖或防晒要做得十分到位，否则到了冬天坐在客厅里看电视会感到很冷，夏天太阳直晒又太热。因此，安装开启方便、视野开阔、造型美观的门窗十分必要。

阳台的封窗材料多种多样，有铝合金、塑钢、无框玻璃，形式上有开启式和平移式两种，无论何种封窗形式都要考虑足够的透光、通风、耐晒、耐腐、牢固、安全、便利。如果阳台需要安装防雨篷，要注意不破坏原有墙体，以免造成渗漏。雨篷与墙面之间留有缝隙，挡不住瓢泼大雨的浇注，必须填注泡沫胶（图9-52）。此外，要重视阳台的通风与采光，吊顶有葡萄架吊顶、彩绘玻璃吊顶、装饰假梁等多种做法，但不能影响阳台的通风和采光，过低的吊顶会产生空间压迫感。

图9-50　转角型阳台

图9-51　阳台防水设计

图9-52　阳台封窗设计

图9-53　阳台绿化设计

（5）绿化配置。花卉盆景要合理安排，既要使各种绿色植物都能充分吸收到阳光，又要便于浇水。常用的4种种植的方法有自然式、镶嵌式、垂挂式（图9-53）、阶梯式。阳台在平面布置上，分别安排与客厅或卧室相连的生活阳台和与厨房相连的服务阳台。靠客厅或卧室的生活阳台一般朝南布置，面积较大，约4～6平方米，功能以休闲为主；与厨房相连的服务阳台一般朝北布置，配备厨房家务使用，面积较小，2～4平方米。

思考题	1	客厅的细节设计有哪些？
	2	独立型卫生间与折中型卫生间有哪些异同？
	3	封闭式阳台有哪些优缺点？
	4	现代主义风格室内设计适合使用哪种风格的厨房？
	5	对于白色系卧室，你认为该怎么设计？

参考文献

［1］〔西班牙〕阿瑞安·穆斯特迪. URBAN HOUSES 城市住宅空间设计.［M］北京：中国林业出版社，2007.

［2］〔美〕马克詹森·哈尔戈德斯坦·史蒂文斯库罗. 商业空间与住宅设计.［M］桂林：广西师范大学出版社，2016.

［3］〔日〕X-Knowledge. 住宅设计解剖书 舒适空间规划魔法.［M］南京：江苏科学技术出版社，2015.

［4］冯信群，陈波. 住宅室内空间设计艺术. 南昌：江西美术出版社，2002.

［5］汤重熹. 室内设计. 北京：高等教育出版社，2004.

［6］饶平山，吴巍. 室内设计与工程基础. 武汉：湖北美术出版社，2004.

［7］金珏，潘永刚，李杰. 室内设计与装饰. 重庆：重庆大学出版社，2001.

［8］肖然，周小又. 世界室内设计 住宅空间. 南京：江苏人民出版社，2011.